D. Nagarajan
G. Nallathambi

Análise genética de caraterísticas de rendimento e bioquímicas em híbridos de milho

D. Nagarajan
G. Nallathambi

Análise genética de caraterísticas de rendimento e bioquímicas em híbridos de milho

ScienciaScripts

Cover image: www.ingimage.com

This book is a translation from the original published under ISBN 978-3-659-90398-4.

Publisher:
Sciencia Scripts
is a trademark of
Dodo Books Indian Ocean Ltd. and OmniScriptum S.R.L publishing group

120 High Road, East Finchley, London, N2 9ED, United Kingdom
Str. Armeneasca 28/1, office 1, Chisinau MD-2012, Republic of Moldova, Europe
Managing Directors: Ieva Konstantinova, Victoria Ursu
info@omniscriptum.com

Printed at: see last page
ISBN: 978-620-8-63001-0

Resumo

Foi realizada uma série de entrevistas presenciais para conhecer as percepções e os conhecimentos dos profissionais de RH sobre o desenvolvimento da gestão de talentos. Utilizando uma série de perguntas estruturadas, quatro entrevistados com uma vasta experiência em RH partilharam os seus pontos de vista sobre a compreensão atual do desenvolvimento da gestão de talentos, a sua importância para as organizações, as suas percepções da gestão de talentos e as acções práticas atualmente realizadas pelas organizações. Respetivamente, a gestão de talentos evoluiu para práticas de RH utilizadas pelas organizações. No entanto, muitas organizações ainda precisam de investir mais nos seus activos - o talento. A importância da gestão de talentos varia de acordo com a natureza do negócio ou da indústria da organização. O resultado é uma variedade de definições e interpretações da forma como o talento deve ser gerido. Da mesma forma, a ação de investir na gestão de talentos difere de acordo com a importância e o efeito do reconhecimento e da gestão de talentos na organização.

Agradecimentos

Gostaria de exprimir a minha gratidão ao meu orientador, Michael McFadden, que me forneceu comentários úteis e feedback sempre que lhe pedi ajuda. Acima de tudo, pelos conselhos, supervisão, tempo e cooperação que demonstrou para me ajudar a concluir este trabalho.

O meu pai, Ahmad Khairudin, tem-me dado um grande apoio, apesar da distância que o separa de mim (Malásia). Gostaria de lhe agradecer a sua incansável ajuda na realização desta investigação. Deu-me a oportunidade de recolher dados primários junto de quatro profissionais de RH e facultou-me o acesso a artigos de investigação de elevada qualidade, ideias e referências relevantes para o meu tema.

Por conseguinte, gostaria de exprimir a minha mais profunda gratidão aos quatro profissionais de recursos humanos que aceitaram ceder algum do seu tempo para realizar as entrevistas. Não teria podido realizar este trabalho sem a ajuda de cada um deles.

Gostaria também de agradecer aos meus colegas, em especial a Tariro Kuchocha e Bilal Ahmad, que me apoiaram e motivaram para a realização deste projeto.

Por último, agradeço muito o trabalho do pessoal administrativo da Business School, da equipa de TI e da equipa da Biblioteca Lancaster por terem disponibilizado todos os recursos necessários para concluir o meu curso e esta investigação.

Índice

CAPÍTULO 1 : INTRODUÇÃO

1. Introdução

1.1 Contexto e conteúdo

Desde a introdução do termo "guerra de talentos" pela McKinsey em 1997 (Axelrod *et al.* 2002; Michaels *et al.* 2001), o termo gestão de talentos tem atraído um interesse considerável por parte de académicos e profissionais (Berry 2007; Birschel 2006; Jenkins 2006; Maxwell & MacLean, 2008, Powell & Lubitsh 2007). A gestão de talentos, as guerras de talentos, as invasões e a escassez de talentos, as medidas de retenção de talentos e as preocupações com a estratégia de divulgação de talentos foram apresentadas em numerosas publicações em todo o mundo (Bennett & Bell 2004; Chugh & Bhatnagar 2006; Kuptsch & Pang 2006; Yeung 2006). Particularmente no atual clima empresarial de globalização, complexidade, dinamismo, elevados níveis de concorrência e volatilidade, as empresas locais e globais reconhecem a necessidade de atrair, recrutar, desenvolver, aplicar, gerir e reter os seus activos - o talento (Capelli 2008). Consequentemente, o estudo concluiu que os empregadores estão a tornar-se mais envolvidos e mais exigentes na abordagem desta questão. O estudo também revelou que é muito difícil desenvolver uma definição do termo "gestão de talentos".

Por conseguinte, os argumentos mais comuns nos artigos de jornal são a estratégia exigida na "gestão de talentos", que é simplesmente a gestão normal e adequada da força de trabalho, semelhante às práticas tradicionais de RH. O termo deve ser visto como mais uma tendência de gestão que, mais do que pertinência e valor, se tornou moda e foi alvo de críticas académicas e profissionais.

Apesar da utilização constante dos termos "talento" e "gestão de talentos", existe um debate sobre a falta de uma explicação clara da definição adequada, devido aos diferentes significados, percepções e suposições feitas pelos autores que escrevem sobre a gestão de talentos. Isto afecta a verdadeira compreensão do assunto e a forma como pode beneficiar as organizações.

Outro ponto de debate é a incapacidade de pôr em prática o novo termo. Parece difícil de aplicar porque muitas empresas têm as suas próprias ideias sobre o que é realmente o talento, em vez de aceitarem a definição universal ou prescrita. O resultado é a incapacidade da organização de implementar plenamente uma estratégia tão importante e benéfica para a empresa.

Embora a gestão de talentos seja importante e relativa à agenda dos RH em qualquer contexto empresarial, com base nas conclusões, pode dizer-se que muitas organizações líderes reconheceram a necessidade de se envolverem nesta questão da melhor forma possível. Por exemplo, uma investigação efectuada em 2009 revelou que um instituto de produtividade tailandês, o Grupo APM e o Grupo PacRim concluíram que todas as grandes empresas de consultoria promovem o desenvolvimento de talentos através da oferta de vários programas de gestão de talentos para todos os níveis de trabalhadores (Piansoongnern 2010). No contexto da investigação empresarial, os resultados concluem que existe uma resposta positiva por parte da indústria criativa com base no facto de as organizações estipularem diferentes formas de satisfazer as necessidades dos seus trabalhadores e da organização. Além disso, as grandes empresas têm a capacidade de abordar esta questão em todos os aspectos dos recursos humanos em termos de atração, recrutamento, seleção, retenção e recompensa dos seus empregados. Do mesmo modo, os empregadores partilharam as suas percepções e compreensão das diferenças entre a gestão de talentos no sector público e nas organizações do sector privado em termos de recrutamento, seleção e retenção. Tal como mencionado nas secções anteriores, desde o desenvolvimento das práticas de RH, a gestão de talentos tem sido uma prioridade a gerir.

Provavelmente, com as mudanças globais no clima empresarial baseado no conhecimento, cada vez mais organizações estão a ser encorajadas a considerar o termo como um meio para progredir e atingir os objectivos organizacionais. Embora exista pouca literatura credível e fiável sobre a gestão de talentos no contexto empresarial (Piansoongern 2010; Piansoongnern 2008; Petison & Johri 2007), o estudo fornece, no entanto, uma quantidade valiosa e benéfica de informações sobre o desenvolvimento, a importância e as formas como os actuais empregadores têm agido para abordar a gestão de talentos.

1.2 A questão de investigação

Como é que a gestão de talentos está a evoluir nas organizações actuais?

1.3 O objetivo

O estudo de investigação tem como objetivo responder a estas questões, destacando as percepções e os conhecimentos de profissionais de RH respeitados no que diz respeito ao desenvolvimento da gestão de talentos, em particular para as organizações nos sectores empresarial e criativo.

1.4 Objectivos

Os objectivos desta investigação são os seguintes:

- A perceção dos profissionais de RH sobre a evolução da gestão de talentos
- A importância da gestão de talentos na organização
- A perceção do empregador sobre a gestão de talentos
- Onde deve a organização concentrar as suas "acções práticas"?

1.5 A estrutura

Esta secção apresenta sucintamente o conteúdo deste trabalho.

Capítulo 2: uma discussão pormenorizada dos fundamentos que servirão de base à investigação. Apresenta uma panorâmica do conceito de talento, da gestão do talento, do desenvolvimento do talento e das actividades de gestão do talento.

Capítulo 3: Breve apresentação da metodologia de investigação utilizada para efetuar este estudo. Explica igualmente a utilização de dados primários, dados secundários e a abordagem qualitativa e justifica a razão pela qual estes métodos foram utilizados neste estudo.

Capítulo 4: apresentação pormenorizada dos resultados da investigação com base em entrevistas presenciais com profissionais de RH conceituados e numa análise da literatura.

Capítulo 5: a conclusão e as breves recomendações do estudo resumem os principais resultados e as áreas a melhorar.

CAPÍTULO 2 :

ANÁLISE DOCUMENTAL

2. Revisão da literatura

Este capítulo tem como objetivo descrever claramente o talento, a gestão do talento e clarificar o desenvolvimento e a importância da gestão do talento para as organizações em termos de gestão de pessoas. Embora não exista muita literatura "boa" publicada sobre este assunto, como a ideia é relativamente nova, não existem muitos estudos disponíveis para referência. Devido à natureza relativamente recente da ideia, não existem muitos estudos disponíveis para referência, ou porque os autores académicos não levam este tópico particularmente a sério e vêem-no como uma moda ou tendência de gestão no planeamento da sucessão e outras actividades de RH (ou seja, recrutamento, retenção e recompensa) (Blass 2009). No entanto, tal não é o caso. Ao longo deste capítulo, é possível concordar que os respectivos autores encararam a gestão de talentos de diferentes perspectivas.

2.1 Metáfora para o talento

Na última década, a metáfora mais comum sobre o talento tem sido a "guerra pelo talento" (Michael *et al.* 2001). Esta metáfora baseia-se num relatório da empresa de consultoria McKinsey. Este relatório revela que o acesso ao talento é uma forma de concorrência entre organizações. Destaca igualmente as formas como as organizações podem assegurar a escassez de talentos competindo com os seus rivais. O jogo do vencedor ou perdedor, em que as empresas ganham mais talento do que as outras, resultando em sucesso comercial, é considerado talento. Além disso, o relatório demonstrou que o talento continua a ser uma questão importante para os líderes e gestores de topo e que o talento tem de ser partilhado por toda a organização (Guthridge *et al.* 2008). Em contrapartida, a única preocupação levantada pela metáfora é o envolvimento de vencedores e vencidos, o que leva à possibilidade de haver vencedores e vencidos durante um curto período de tempo. No entanto, também tem havido debates que envolvem a necessidade de modernizar a metáfora da "guerra" conhecida como Plano Marshall (Berger & Berger 2011).

2.2 Diferenciação entre gestão de talentos e recursos humanos

A questão subjacente a estes debates é saber se a gestão de talentos é uma nova moda de gestão (Illes et al 2009; Abrahamson 1996). Há também a questão de saber se, tendo atingido o seu apogeu, a gestão de talentos está condenada a perder a sua popularidade.

Adamsky (2003) afirma:

A gestão de talentos é uma reembalagem de velhas ideias sob um novo nome - "vinho velho em garrafas novas".

A introdução de um novo termo só é apreciada na sala de reuniões e não na prática, uma vez que muitos empregadores sublinham a importância da gestão de talentos, mas nem sempre alteraram as práticas já em vigor nas suas organizações. Os autores sugerem que a gestão de talentos é um rebranding de filosofias antigas e oferece às organizações a oportunidade de reverem as suas práticas actuais ( ) (Warren 2006). Além disso, ganhou popularidade sem relevância ou valor, ao contrário de outros termos e abordagens de gestão que receberam condenação académica e profissional (Steward 2008).

Por outro lado, a gestão de talentos não é RH, e RH não é apenas gestão de talentos (Cheese *et al.* 2008), é integração. Dito isto, os RH actuam como um facilitador de processos, mas a gestão de talentos é mais geral e requer o compromisso de toda a organização e a ideia enraizada de talento. Existe uma diferença fundamental entre a GRH e o rótulo de gestão de talentos, uma vez que não se trata de uma moda de gestão (Iles 2009; CIPD 2007; Duttagupta 2005).

A GRH é exatamente o que diz: a gestão dos recursos humanos nas organizações, que é mais complexa e está em constante evolução (Cheatle 2001) e que se desenvolveu dramaticamente ao longo das décadas. Inicialmente, a GRH era vista como administração de pessoal e como um departamento que apenas tratava de questões administrativas relacionadas com salários e custos (Michael 2006) e media a rotatividade dos empregados, o absentismo e medidas semelhantes (Phillips 2005). Atualmente, a GRH é vista como a escola de pensamento mais vital em relação à gestão do emprego que procura construir a vantagem competitiva de uma organização. Dito isto, a utilização estratégica de técnicas culturais, estruturais e pessoais permite o desenvolvimento de trabalhadores competentes e empenhados.

A gestão de talentos desempenha um papel fundamental no sucesso de qualquer empresa, vai para além dos processos de RH e a mentalidade de talento não é apenas mais uma tendência de RH (Moran 2005). A gestão de talentos tem o poder de desenvolver a liderança ou o planeamento da sucessão dentro da organização, uma vez que é uma abordagem colectiva para recrutar, reter e desenvolver talentos a longo prazo, para além da estratégia, da cultura organizacional e da gestão da mudança (Bass *et al.* 2006). Embora ambas envolvam a gestão de pessoas, e a substituição da palavra "pessoas" por "talento" possa reforçar a importância tendencial dos RH, a gestão do talento consiste em compreender como gerir o talento de forma tática (Lewis & Heckman 2006). Embora seja uma integração com o contexto e a estratégia da empresa (Farley 2005), exigindo uma visão holística (Schewyer 2005) e sistemática (Cunningham 2007), a investigação define a gestão de talentos através de diferentes conceitos e dimensões de pensamento.

2.3 O que é o talento?

Em primeiro lugar, com a crise financeira global sem precedentes, a recessão económica e a reorganização maciça da economia mundial, o talento tornou-se um motivo fundamental para muitos profissionais de alto desempenho (Beechler & Woodward 2009). No entanto, não existe uma definição fixa do termo "talento", uma vez que este está sujeito a uma variedade de pontos de vista, nomeadamente no seio das organizações. No entanto, é essencial que as empresas e os seus clientes possam compreender como o talento é definido, como os "talentosos" são vistos e os seus antecedentes (CIPD, 2007). Uma vez que a definição de talento é uma progressão contínua, existe uma necessidade constante de fazer corresponder os requisitos empresariais à disponibilidade de talento e às necessidades de crescimento. Além disso, a compreensão das "lacunas" de emprego das organizações permite o desenvolvimento de estratégias e abordagens específicas que precisam de ser resolvidas (Cheese et al 2008).

O The Economist refere que o termo "talento" se tornou um sinónimo utilizado no mundo do trabalho por muitas organizações, grandes e pequenas, porque não sabem como definir especificamente o talento (2006). A solução para este problema é as organizações aceitarem a definição universal ou prescrita, o que muitas vezes não acontece porque têm o seu próprio conceito do que é o talento (CIPD 2007). Outra questão levantada pelo CIPD é que nenhuma das 32 empresas estudadas partilhava uma definição semelhante e que as definições adoptadas variavam consideravelmente em função da estratégia empresarial, do tipo de empresa, do ambiente competitivo global e de outros factores (2007). Além disso, um estudo da Towers Perrin (2004) concluiu que 87% dos participantes utilizavam uma definição específica de "talento" de forma consistente em toda a organização. Este facto justifica a utilização excessiva e incorrecta do termo pelas organizações.

Tendo em conta que os autores escreveram a partir de diferentes perspectivas, o talento é também definido da seguinte forma:

"Uma abordagem significativa, partilhada, consciente e deliberada que é empreendida para atrair, desenvolver e reter pessoas com as competências e capacidades necessárias para satisfazer as necessidades organizacionais actuais e futuras, definidas em termos de capacidade, comportamento, atitude, conhecimento e estilo" (Berger & Berger 2011).

Os indivíduos que podem fazer uma mudança otimista no desempenho da organização, seja a curto ou a longo prazo, e que possuem os mais elevados níveis de potencial são o que constituem o "talento" (CIPD 2012). De acordo com os dados da Towers Perrin referidos anteriormente, 87% dos participantes concordam com a utilização consistente da definição de "talento" em toda a organização, devendo as descrições de talento ser adaptadas a cada empresa, adoptando então uma abordagem contingente (Towers Perrin 2004). McKinsey define talento como a soma total das capacidades, dons intrínsecos, competências, conhecimentos, experiência, inteligência, discernimento, atitude, carácter e motivação de um indivíduo (1998). Inclui também a capacidade do indivíduo para aprender e desenvolver-se (Michaels *et al* 2001).

Em contrapartida, Tulgan (2001) sugeriu que não faz muito sentido tentar definir "talento", uma vez que é evidente que os trabalhadores mais valorizados se destacam dos restantes. No entanto, outros autores estão convencidos da necessidade e da probabilidade de definir o talento. Buckingham e Clifton (2001) consideram o talento como a aplicação de um padrão natural recorrente de pensamento, sentimento ou comportamento. Pode dizer-se ( ) que o conhecimento e as competências só podem ser obtidos, enquanto o talento existe naturalmente nas pessoas e pode ser descrito como o potencial de uma pessoa. Os talentos de uma pessoa são inatos, enquanto a experiência e as competências só podem ser adquiridas através de um processo de aprendizagem e prática (Piansoongnern 2010). Assim, quando o talento de uma pessoa é amplificado pela experiência e pelas competências, o resultado é uma força inegável para o indivíduo. Buckingham e Clifton (2001) sublinham que, sem a procura do talento de uma pessoa, nunca é possível adquirir pontos fortes.

O talento também tem a capacidade de fazer uma diferença positiva no desempenho atual e futuro da posição da organização no ambiente empresarial (Morton 2004). Defendida pela McKinsey, a abordagem "estrela" tornou-se a definição mais convincente de talento (Beechler & Woodward 2009). Também se pode dizer que o talento é o conjunto de ideias, conhecimentos e competências de um punhado de empregados que acrescentam valor aos recursos que lhes foram disponibilizados (Goffee & Jones 2007). O talento também pode ser visto como uma combinação complexa de competências, conhecimentos, capacidades cognitivas e potencial (Tansley *et al.* 2006). Um conjunto de influências importantes também desempenha um papel importante, como os valores e as preferências de carreira dos trabalhadores. Uma condenação do reconhecimento de talentos é o facto de um trabalhador poder ser uma "estrela" em diferentes momentos e em diferentes organizações (Piansoongnern 2010). Por outro lado, foram apresentados argumentos a favor da conquista de talentos, segundo os quais a conceção de estratégias empresariais em torno das "estrelas" cria um ambiente estimulante. Devido ao reconhecimento do talento, os resultados mostraram que os empregados dentro da organização se sentem vulneráveis e reduzem o desempenho em vez de aumentar o desempenho individual, da equipa e da organização (Beechler & Woodward 2009).

2.4 O que é a gestão de talentos?

Depois de um árduo esforço para definir o termo "talento", a Gestão de Talentos (GT) também revela uma variedade de definições discutidas por muitos autores com diferentes percepções e pontos de vista. Em primeiro lugar :

"A gestão de talentos é a gestão estratégica dos fluxos de talentos numa organização. (Duttagupta 2005)

A atração metódica, a identificação, o desenvolvimento, o envolvimento, a retenção e a implantação de indivíduos de alto valor dentro da organização descrevem a gestão de talentos (CIPD 2012). Jackson e Shuler definiram a gestão de talentos como o meio criterioso de garantir que as pessoas certas são selecionadas para preencher os postos de trabalho certos no momento certo (1990). A decomposição desta explicação é a afirmação de que existe um conjunto de talentos disponíveis para alinhar as pessoas certas com os postos de trabalho certos nos momentos certos, com base nos objectivos estratégicos da empresa. Pode dizer-se que é também a ligação entre o recrutamento, o desenvolvimento e a gestão do processo da força de trabalho, que pode ser documentada como otimização do talento (Schweyer 2004). Além disso, a gestão de talentos deve ser vista como uma perspetiva ou mentalidade de uma organização em funcionamento e não como um conjunto de tópicos a compreender (Creelman 2004). Para além disso, a gestão de talentos pode ser vista como o processo de atrair, desenvolver, reter e empregar as melhores pessoas dentro da organização (Berger & Berger 2011).

Na sequência da adoção desta definição, os autores ou profissionais de RH que adoptam a definição de gestão de talentos dividem-na frequentemente em sub-disciplinas da gestão de recursos humanos (GRH), por exemplo, recrutamento e seleção (Olsen 2000), gestão da liderança (Chon *et al.* 2005) e gestão do desempenho (Garger 1999). Além disso, Ashton e Morton observaram que não existe uma definição única ou clara de gestão de talentos (2005). Por outro lado, tem havido discussões sobre os pontos de vista relativos à noção de gestão de talentos (Lewis & Heckman 2006). Em primeiro lugar, a gestão de talentos é vista como um ramo da gestão de recursos humanos, uma vez que está frequentemente ligada a práticas específicas de RH, como o recrutamento, a seleção, o desenvolvimento da liderança e as estratégias de planeamento da sucessão.

Embora a gestão de talentos seja a integração da GRH e das suas práticas, o desenvolvimento de grupos de talentos é fortemente enfatizado porque se concentra na identificação das necessidades dos trabalhadores e na capacidade de gerir a progressão dos trabalhadores através das posições (Lewis & Heckman 2006). Por outro lado, alguns estudos propõem também uma variação na definição de gestão de talentos (Beechler & Woodward 2009). Por último, existe uma convergência quanto à gestão do talento dos trabalhadores com base no desempenho e considerando-o como "um ativo indistinguível que emerge de percepções humanísticas e demográficas" (Buckingham & Vosburgh 2001). Assume-se que a gestão do talento é "genérica" porque os indivíduos têm a capacidade de progredir mais através do desenvolvimento das suas competências congénitas do que através da correção das suas deficiências (Roberts *et al.* 2005). Por outro lado, coloca-se a questão da capacidade de gerir as pessoas até ao seu potencial máximo em paralelo com uma organização de alto desempenho que inclui também o processo de desenvolvimento e gestão, o que exige uma comunicação global entre todos os níveis de gestão (McCauley & Wakefield 2006; Redford 2005). Em suma, Lewis e Heckman (2006) defendem o seguinte ponto de vista:

- Funções e práticas tradicionais de recursos humanos
- Um novo termo para os planos de sucessão
- A gestão das capacidades naturais ou das competências adquiridas das pessoas é muito benéfica para a organização.

(Piansoongnern 2010)

2.5 O processo de gestão de talentos

A gestão do talento pode ser vista como um processo concebido, organizado numa série de três fases interligadas (Gureci & Solari 2012; Lewis & Heckman 2006).

- Fase 1: Estratégia sustentável para a vantagem competitiva e implicações para o talento

Esta ligação entre o sistema de gestão de talentos e a estratégia organizacional permite que as organizações se concentrem nos aspectos das pessoas talentosas e na necessidade de desenvolver as suas competências para atingir os objectivos organizacionais (Boudreau & Ramstad 2005). Neste contexto, as organizações precisam de decidir quem é considerado talentoso e considerar a sua inclusão na reserva de talentos.

- Fase 2: A estratégia da reserva de talentos

O cluster é um pequeno grupo de trabalhadores que têm necessidades semelhantes e que precisam de ser geridos pela organização. A organização decide então quantos grupos de talentos são necessários, qual a sua dimensão e como devem ser estruturados (Walker & Larocco 2002). Isto pode ser feito através da segmentação de

1. exclusivo - pessoas (2) exclusivo - posições (3) inclusivo - pessoas e (4) inclusivo - posição (Iles *et al.* 2009).
2. Exclusivo - pessoas (pessoas-chave selecionadas)
3. Exclusivo - posição (funções e posições-chave)
4. Inclusão - pessoas (grande reserva de talentos)
5. Inclusão - posição (capital social)

- Fase 3: Sistemas e práticas de gestão de talentos

Implementação de práticas de gestão para pessoas de diferentes grupos.

2.6 Desenvolver a gestão de talentos

O termo "gestão de talentos" só surgiu no final da década de 1990, depois de a McKinsey and Company ter publicado o seu primeiro relatório intitulado "The War for Talent" (Iles et al 2009). Este relatório era uma investigação destinada a identificar a gestão de talentos como um desafio empresarial fundamental (CIPD 2012). Como resultado, desde que o relatório foi publicado, atraiu um grande interesse tanto de profissionais como de académicos (Piansoongnern 2010; Berry 2007; Birschel 2006; Jenkins 2006; Maxwell e MacLean 2008; Powell & Lubitsh 2007). Surge então a tendência para a gestão de talentos, as guerras de talentos, as invasões de talentos e a escassez de talentos, e uma preocupação crescente com as estratégias de talentos introduzidas na literatura (Piansoongnern 2010; Bennett & Bell 2004; Chugh & Bhatnagar 2006; Kuptsch & Pang 2006; Yeung 2006). Além disso, com a mudança do clima económico, a concorrência tornou-se feroz para muitas organizações locais e globais. O resultado é o reconhecimento da importância de recrutar, desenvolver, aplicar, gerir e reter o ativo mais valioso da organização (ou seja, os trabalhadores talentosos) (Capelli 2008).

A evolução deste conceito para uma prática de gestão comum e essencial, centrada no recrutamento, é agora mais dinâmica e abrange mais áreas da gestão de pessoas, incluindo a capacidade organizacional, o desenvolvimento individual, a melhoria do desempenho, o planeamento da força de trabalho e o planeamento da sucessão (CIPD 2012). Além disso, de acordo com um inquérito do CIPD sobre "Aprendizagem e Desenvolvimento de Talentos", mais de 50% dos empregadores estabeleceram uma necessidade na sua organização (2012). A gestão de talentos deve ser vista como uma parte essencial de uma estratégia de sucesso para as pessoas (CIPD 2011). Particularmente no mundo atual, cada vez mais dependente do talento, as organizações com talento são capazes de compreender a importância estratégica do talento e atuar como uma capacidade organizacional. Quando bem feita, a gestão de talentos pode ter um impacto significativo no empenho e na motivação dos trabalhadores, promovendo um elevado desempenho e controlando ou atingindo elevadas taxas de retenção. O desenvolvimento avançado de funções-chave e de indivíduos potenciais dentro da sua organização, ao mesmo tempo que implementa intervenções de aprendizagem entusiásticas para os empregados a todos os níveis, é considerado uma abordagem estratégica à gestão de talentos (CIPD 2011).

2.7 Questões críticas na gestão de talentos

Como já foi referido, o fator que contribui para denegrir a gestão de talentos é a definição do que é (e do que não é) a gestão de talentos e o facto de não trazer ideias novas. Em primeiro lugar, a revisão dos significados acima expostos comprova a dificuldade e o inconveniente de compreender a gestão de talentos (Guerci & Solari 2012). Embora seja necessário que os trabalhadores actualizem e diversifiquem as suas competências, não existe uma variação significativa nos modelos e princípios utilizados para práticas eficazes de RH. No entanto, ajuda a determinar se as práticas de RH precisam de ser actualizadas (Lewis & Heckman 2006).

A gestão de talentos não acrescenta muito ao domínio do planeamento das sucessões. Os métodos e ferramentas estruturados que supostamente acrescentam valor à gestão de talentos não estão muito longe do âmbito original. Por exemplo, escolhas e processos nas posições dos trabalhadores (promoção e despromoção), requisitos de trabalho e caraterísticas dos trabalhadores (Guerci & Solari 2012). Além disso, foi mencionado que a gestão de talentos é útil para o desenvolvimento do desempenho organizacional através do reconhecimento de talentos adequados. Este facto ignora a possibilidade de o "talento" só ser bem sucedido durante um período de tempo e resulta numa maior perda de desempenho organizacional, uma vez que os investimentos foram focalizados de forma restrita e ignorados para outros. Além disso, cria um maior impacto negativo noutros potenciais trabalhadores "talentosos".

Assim, apesar da confusão e da grande imprecisão da descrição e da aplicação arriscada, continua a ser tolerada por muitos empregadores e é vista como um fator que contribui para a moda da gestão (Benders & Van Veen 2001). Muitos académicos concluem que a gestão de talentos é idêntica às práticas actuais de RH e pode ser adoptada sem alterar os actuais desenvolvimentos de RH utilizados nas organizações (Iles *et al.* 2010). É também um "produto cultural" comercializado para empresas que seguem a moda e precisam de ser "modernas" (Abrahamson 1996). Em conjunto, é necessário procurar aperfeiçoar o desempenho da empresa e dar a impressão otimista de estar actualizada e ser inovadora (Rovik 2000).

Além disso, a gestão do talento exige o reconhecimento dos "trabalhadores talentosos" ou a "abordagem em estrela", tal como referido na secção sobre a definição de "talento". Aparentemente, a maioria das organizações prefere abordar a questão de um ponto de vista inclusivo e considerar toda a gente como talentosa, mas na realidade só reconhecem um pequeno grupo de pessoas como o grupo talentoso. Esta auditoria ajuda a determinar se essas pessoas talentosas querem ser geridas e a compreender até que ponto são efetivamente capazes de ser geridas.

CAPÍTULO 3 :

METODOLOGIA

3. Metodologia

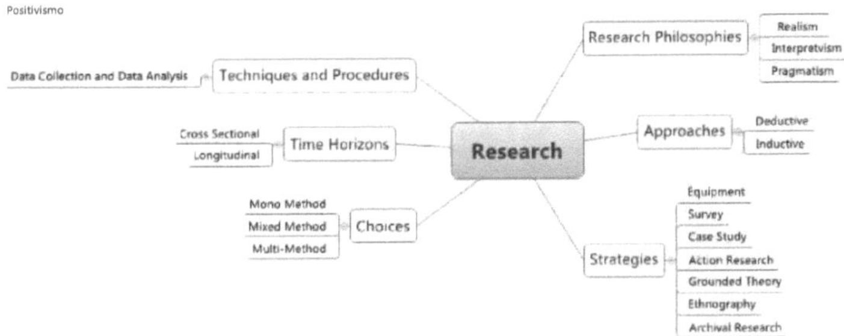

Figura 1: Panorama da investigação

3.1 Filosofia

Tanto as filosofias adoptadas como o método utilizado criam a visão e a compreensão fundamentais do objeto de investigação. Estes elementos são depois manipulados pela visão do mundo do investigador e postos em evidência, uma vez que diferentes investigadores podem apreciar diferentes aspectos do mesmo processo, levando-os a adotar estilos diferentes. É de salientar que não existe uma estratégia ou filosofia única, a relevância baseia-se simplesmente na pergunta de investigação a que se pretende dar resposta e na filosofia mais adequada.

A ontologia analisa as normas de pontos de vista particulares sobre a forma como o mundo funciona e preocupa-se principalmente com a descrição da realidade (Saunders *et al.* 2008). Além disso, o objetivismo lida com a ideia de que a construção das relações existe para além de cada indivíduo envolvido na relação. O subjetivismo, por outro lado, é a ideia de que cada indivíduo desempenha um papel que depende das suas acções e percepções. Esta investigação adoptou a abordagem subjetivista, reconhecendo as percepções dos respectivos profissionais de RH.

A epistemologia trata da relação entre o que constitui um conhecimento aceitável num determinado domínio de estudo. Está preocupada com o que é considerado conhecimento satisfatório num determinado domínio de interesse (Saunders *et al.* 2008). Nesta investigação, o positivismo é uma reflexão em que a experiência observada gera dados relevantes e em que o investigador é distinto dos dados recolhidos. O realismo refere-se ao exame científico do desenvolvimento dos dados e ao facto de toda a matéria existir de forma não convencional a partir da mente humana. *O interpretativismo,* por outro lado, analisa as pessoas e não os objectos materiais, o que exige uma compreensão das opiniões individuais. Isto evita generalizações, uma vez que as situações são susceptíveis de mudar (Saunders *et al.* 2008).

Por outro lado, a axiologia é a consideração dos papéis desempenhados pela ética e pelos valores na ajuda ao investigador e dos juízos e decisões que daí resultam no contexto da investigação.

Os paradigmas de investigação são formas de examinar os fenómenos sociais (Saunders *et al.* 2008), através das quais as explicações são obtidas e deduzidas. O paradigma funcionalista, por outro lado, é orientado para o problema e envolve a apresentação de soluções aplicáveis aos problemas. O paradigma interpretativo é a tentativa de compreender e explicar as circunstâncias. O paradigma humanista radical preocupa-se com a mudança do status quo. O estruturalismo radical preocupa-se com os modelos estruturais das organizações. É, portanto, o paradigma interpretativo que é utilizado neste projeto.

3.2 Dados secundários

Este trabalho de investigação baseia-se em dados primários e é apoiado por dados secundários. Os dados secundários consistem nas conclusões de diferentes investigadores sobre o desenvolvimento da gestão de talentos de acordo com os objectivos da investigação, que incluem diferentes tópicos e temas.

3.2.1 Justificação para a utilização de dados secundários

A utilização da investigação secundária permite-nos explorar os diferentes pontos de vista e entendimentos do desenvolvimento da gestão de talentos que foram discutidos pelos investigadores. Também nos ajuda a analisar as lacunas nos resultados dos estudos de investigação efectuados, estudando a sua taxa de sucesso e a sua aplicação na vida real da organização. Para o efeito, justifica-se a utilização de dados secundários.

3.3 Dados primários

3.3.1 Investigação

Nos casos em que a questão de investigação não sugere uma necessidade clara de escolher entre o positivismo e o interpretativismo, isto valida o ponto de vista pragmatista, que tem a capacidade de trabalhar com as diferenças entre os ramos de filosofia mencionados. Por outro lado, quando se trata de fazer a ponte entre filosofias e abordagens à investigação, o objetivismo é outra abordagem a considerar. Este, no entanto, diz respeito à questão de como as entidades sociais existentes são independentes dos actores sociais. O subjetivismo, por outro lado, preocupa-se com a compreensão e os significados que os indivíduos atribuem aos fenómenos sociais (Saunders *et al.* 2009).

Ao conceber o método de investigação, podem ser adoptadas duas abordagens para descrever as diferentes concepções de conhecimento e de informação útil. A abordagem positivista sublinha a importância dos princípios científicos (Anderson 2009; Remenyi *et al.* 1998). Em contrapartida, a abordagem interpretativa coloca a tónica no conhecimento produzido pelos seres humanos à medida que estes dão sentido ao seu ambiente (Anderson 2009). É essencial compreender a relação entre a teoria e os dados recolhidos.

Ambas as abordagens de investigação são dedutivas ou indutivas. A abordagem dedutiva é utilizada para desenvolver uma hipótese a partir da teoria e conceber a estratégia de investigação para testar a hipótese. A abordagem indutiva é utilizada quando os resultados da análise dos dados são analisados para criar uma teoria. A investigação indutiva utiliza dados qualitativos para compreender melhor o problema. Em seguida, envolve a compreensão dos dados e a derivação de uma teoria. Embora o resultado possa ser semelhante à hipótese de uma abordagem dedutiva, baseia-se nos dados recolhidos e não na tentativa de ajustar os dados a um ponto de vista. A abordagem indutiva foi utilizada nesta investigação para compreender as percepções ou pontos de vista dos profissionais de RH sobre o assunto.

O objetivo desta investigação era identificar as percepções e os conhecimentos dos profissionais de RH relativamente ao desenvolvimento da gestão de talentos, o que conduziu a um estudo de caso. Durante o estudo de caso, foi realizada uma entrevista individual estruturada com recurso a uma gravação áudio. As entrevistas estruturadas baseiam-se numa lista de perguntas pré-determinadas e "normalizadas" (ou seja, questionários administrados pelo entrevistador) (Saunders *et al.* 2009).

Os dados qualitativos podem ser definidos como dados não numéricos que não foram quantificados ou dados que se baseiam puramente no significado expresso por palavras (Saunders *et al.* 2009). Os métodos de recolha destes dados podem ser enumerados exaustivamente como informação delimitada sob a forma de palavras e linguagem. Os dados quantitativos, por outro lado, são o oposto dos dados qualitativos. Os dados quantitativos baseiam-se no significado dos números (Saunders *et al.* 2009). Estes dados podem ser recolhidos e codificados em conformidade em sistemas de medição díspares. As figuras 2 e 3 abaixo apresentam uma visão geral dos dados qualitativos e quantitativos.

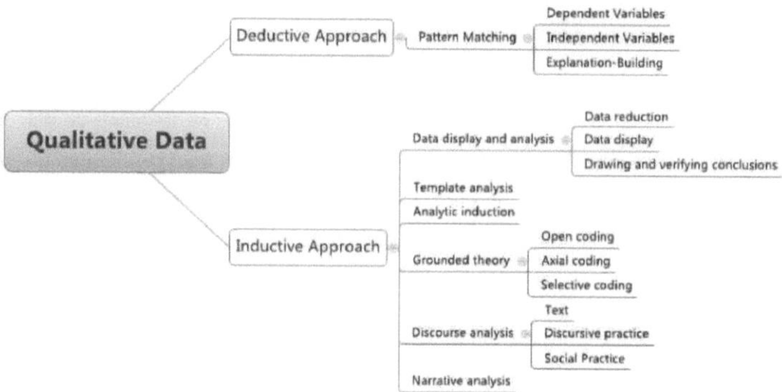

Figura 2: Dados qualitativos

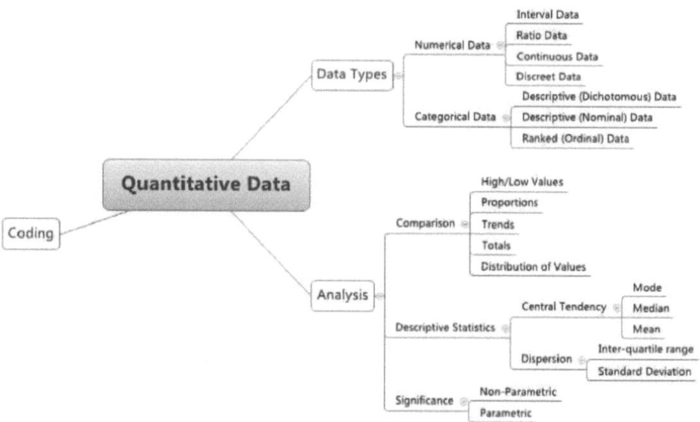

Figura 3: Dados quantitativos

Consequentemente, as várias formas de recolha de dados primários (qualitativos, quantitativos ou ambos) são as seguintes

- Observação e participação
- Entrevistas individuais (estruturadas, semi-estruturadas ou não estruturadas/em profundidade)
- Relatórios individuais ou diários de eventos e/ou actividades
- Grupos de discussão (ou entrevistas de grupo)

- Questionários (formato aberto ou fechado) (Anderson 2009)

3.4 O método escolhido

Uma vez que a investigação se baseia nas percepções e na compreensão dos profissionais de RH, os dados recolhidos assumem a forma de palavras e não são facilmente quantificáveis. É importante poder compreender as razões das decisões tomadas pelos participantes e/ou compreender as razões que levaram às suas atitudes e opiniões, o que é mais suscetível de ser feito através da realização de uma entrevista qualitativa (Saunders *et al.* 2009). As entrevistas são, sem dúvida, a abordagem mais vantajosa para recolher dados adequados (Easterby-Smith *et al.* 2008; Jankowicz 2005). Além disso, a importância de estabelecer um contacto pessoal é crucial para esta investigação. Com este método, é possível responder a um maior número de questões do que com os questionários, fazer perguntas mais longas, esclarecer e compreender questões mais complexas ou abertas e classificar as respostas obtidas pelo entrevistado em conformidade.

Além disso, a maioria dos participantes prefere ser entrevistada em vez de preencher uma lista de questionários sem contacto pessoal (North *et al.* 1983, citado em Healey 1991 e Saunders *et al.* 2009). Além disso, como a população da amostra para esta investigação são gestores de RH (ou seja, profissionais de RH), também foi relatado que os gestores são mais propensos a concordar em ser entrevistados em vez de preencher questionários (Saunders *et al.* 2009). Além disso, um questionário de entrevista permite ao investigador garantir que os dados recolhidos pelo inquirido aumentam a fiabilidade dos dados do investigador.

Embora as perguntas tenham sido predefinidas e organizadas, seguidas de categorias pré-determinadas para análise, a recolha de dados quantitativos não é aplicável. Uma vez que os dados quantitativos se baseiam em significados derivados puramente de números, a recolha de dados resulta em dados numéricos e normalizados, e a análise da investigação é efectuada através de diagramas e estatísticas (Saunders *et al.* 2009).

Os questionários foram desenvolvidos com base na pergunta e nos objectivos da investigação, tendo em conta as caraterísticas dos profissionais de RH que trabalham em várias organizações no Reino Unido (ver anexo). A conceção deste método de investigação teve em consideração os recursos disponíveis na altura, nomeadamente o tempo disponível para recolher os dados, as implicações financeiras da recolha dos dados, a disponibilidade dos inquiridos e a facilidade de recolha dos dados. Tendo em conta os locais onde se realizaram as entrevistas.

Dillman (2007) distinguiu três tipos de variáveis de dados que podem ser recolhidos através destes questionários: opinião, comportamento e atributo. A variável de opinião consiste no registo dos sentimentos, pensamentos ou crenças dos inquiridos sobre algo que é verdadeiro ou falso. Além disso, a variável de comportamento corresponde a dados sobre o que os inquiridos (ou a sua organização) fizeram, estão a fazer ou farão no futuro. Em contrapartida, a variável de atributo contém dados sobre as caraterísticas do inquirido em termos das coisas que possui (Dillman 2007). Por conseguinte, neste estudo de caso, é importante recolher dados dos inquiridos sobre as suas opiniões e pensamentos sobre o desenvolvimento da gestão de talentos. Por conseguinte, as variáveis de opinião são recolhidas no âmbito desta investigação.

Ao conceber os métodos de investigação, foi tida em consideração toda a credibilidade possível. A fiabilidade do conteúdo recolhido é o grau em que se obteriam resultados semelhantes em ocasiões semelhantes ao longo do processo de investigação (Anderson 2009). Dadas as preocupações com a fiabilidade dos dados, o método utilizado deve produzir resultados semelhantes noutras ocasiões comparáveis, uma vez que as perguntas foram tematizadas e estruturadas em conformidade com base na literatura relevante (dados secundários). As perguntas da entrevista eram de carácter geral e exigiam pouca informação confidencial por parte dos entrevistados. Além disso, a ficha de informação e o modelo fornecidos aos entrevistados garantiram que qualquer informação fornecida que devesse permanecer confidencial não seria mencionada durante a entrevista e que os nomes dos entrevistados e da empresa permaneceriam anónimos. Além disso, a investigação foi concebida para obter dados de uma série de profissionais de RH que trabalham em organizações globais e locais nos sectores empresarial e criativo. Os inquiridos são codificados como A, B, C e D para garantir o anonimato.

Validade, discernindo se os dados recolhidos provam o que é suposto. As perguntas estruturadas foram criadas com base em várias literaturas e verificadas por professores da Faculdade de Gestão, com a aprovação dos avaliadores quando os projectos de ética foram propostos. A generalização, também conhecida como "validade externa", implica determinar se os resultados também são aplicáveis a outras organizações (Saunders *et al.* 2009). No entanto, isto pode não se aplicar à investigação efectuada, uma vez que o estudo de caso envolveu um pequeno número de organizações de natureza diferente. As conclusões não seriam aplicáveis a todas as organizações e a todos os casos. No entanto, a oportunidade de conhecer a compreensão e as percepções dos profissionais de RH sobre o desenvolvimento da gestão de talentos é de grande valor para a investigação.

3.5 População e amostragem

Nalguns casos, é possível recolher dados de toda uma população cuja dimensão seja viável para a investigação. No entanto, dado que não é possível inquirir toda a população abrangida pela investigação, que o orçamento e o tempo são limitados e que os resultados do investigador devem ser recolhidos e analisados rapidamente, a amostragem é a melhor alternativa válida a um recenseamento. Tendo em conta o objetivo da investigação, é necessário obter o maior número possível de informações e conhecimentos junto dos representantes da gestão no Reino Unido. A população deste estudo é, por conseguinte, constituída por gestores activos de organizações sediadas no Reino Unido. No entanto, a amostra é o número de pessoas escolhidas para representar uma população maior (Anderson 2009). Devido ao carácter técnico do tema e das perguntas preparadas, a amostra só pode ser constituída por gestores de RH em exercício em organizações sediadas no Reino Unido. Por conseguinte, é certo que os dados recolhidos representarão as caraterísticas da população total. A figura 4 apresenta uma panorâmica da amostragem.

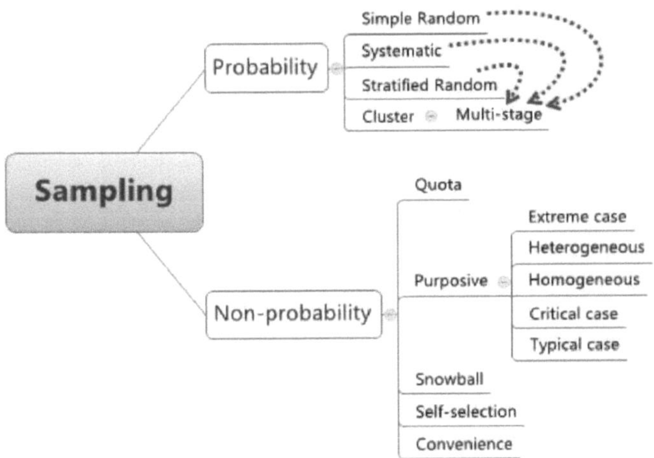

Figura 4: Amostragem

Existem diferentes tipos de amostragem não probabilística utilizados na investigação, por exemplo, a amostragem por quotas, a amostragem intencional, a amostragem em bola de neve, a auto-seleção e a amostragem por conveniência. No entanto, o tipo de amostragem não probabilística utilizado no presente estudo é a amostragem intencional. Embora outros métodos de amostragem possam ter vantagens em termos de custo-eficácia, rapidez de obtenção de dados, etc., a amostragem intencional é a mais adequada para este estudo. A amostragem intencional permite um melhor julgamento ao selecionar os casos que o investigador considera mais susceptíveis de responder à questão de investigação e de atingir os objectivos da investigação. Além disso, esta forma de amostragem é adequada quando se trabalha com amostras pequenas, como no caso dos estudos de caso (Neuman 2005). No entanto, este tipo de amostragem não pode ser considerado como dados estatísticos ou ser representado como conclusões gerais para o resto da população. Por esta razão, a população selecionada e a amostra acima mencionada devem ser fundamentadas.

3.5 Processo de recolha de dados primários

Tal como indicado supra, a recolha de dados primários consistiu numa entrevista estruturada, gravada em áudio, um a um, com profissionais de RH que trabalham em organizações sediadas no Reino Unido. A conceção da entrevista pode ser dividida em vários ramos que devem ser abordados previamente. Em primeiro lugar, a geração de temas e tópicos para as perguntas feitas a partir da revisão da literatura foi analisada pelos pares do investigador, pelo supervisor e pelo referente designado para a proposta de projeto de ética. O objetivo era garantir que as perguntas feitas fossem diretas e não prolongassem a entrevista, mas também evitar qualquer tendência para fazer perguntas ambíguas ou sugestivas.

Como parte da preparação dos entrevistados, o tempo atribuído a cada entrevista foi fixado entre 30 e 45 minutos. Além disso, cada entrevistado recebeu uma ficha de informação do participante, que incluía uma explicação clara da questão de investigação, dos objectivos e outras explicações sobre o assunto.

Embora as perguntas e o formato das respostas fossem estruturados, o enquadramento utilizado durante a entrevista envolveu :

- Uma abertura/introdução
- "O meu nome é Amirah Ahmad Khairudin. Estou aqui hoje para entrevistar um profissional de recursos humanos sobre a sua visão do desenvolvimento da gestão de talentos."
- Perguntas de aquecimento
- "Fale-me um pouco da sua experiência em recursos humanos.
- A parte principal da entrevista - explorar os principais temas de uma forma relativamente lógica com base nos objectivos da investigação (ou seja, a sua perceção da evolução da gestão de talentos, a importância da gestão de talentos para a organização, a perceção do empregador sobre a gestão de talentos e onde a organização deve concentrar as suas "acções práticas").
- Conclusão - Agradecer ao entrevistado pela sua participação

(Ver anexo para referência às perguntas da entrevista utilizadas)

Durante o processo de entrevista, foi necessário assegurar que os entrevistados pudessem falar livre e abertamente, independentemente do facto de estarem a ser gravados. Para tal, o investigador procurou ouvir em vez de falar e explicar as perguntas de forma clara, compreensível e aberta. Além disso, foi referido que as pessoas só se abrem quando sentem que o entrevistador está interessado no que elas têm para dizer. Além disso, é essencial garantir que o comportamento e a linguagem corporal se mantêm profissionais e não influenciam negativamente as opiniões que têm para dar.

Ao identificar aspectos importantes de uma situação ou incidentes mencionados pelo entrevistado, e para garantir que as respostas dadas são mais aprofundadas e podem ser exploradas mais profundamente, o investigador assegurou que apenas eram feitas "perguntas de sondagem". As perguntas de sondagem são: "Diga-me mais sobre...", "Pode dizer-nos mais sobre..." ou "Como é que isto contribui para...". Para além disso, foram utilizadas as técnicas de sondagem de Robson (2002): foram dados períodos de silêncio, foram dados "olhares de interrogação", foram utilizadas pistas verbais como "mmhmm" e foram repetidas partes do que os entrevistados disseram.

Ao recolher dados através de entrevistas estruturadas, a opção escolhida foi a gravação áudio dos dados. Isto permitiu que o investigador se concentrasse mais no processo de questionar e ouvir, em vez de se distrair com a tomada de notas. Em termos de validade e precisão dos dados recolhidos, não há dúvida de que as respostas foram registadas com precisão e podem ser ouvidas várias vezes. No entanto, a desvantagem é que o entrevistado se sente desconfortável ao ser gravado. Consequentemente, a relação entre o entrevistador e o entrevistado é afetada. Para evitar este problema, foi importante para o investigador explicar a necessidade de gravar a entrevista e obter a autorização prévia do entrevistado. Também deu ao entrevistado a opção de desligar o aparelho se se sentisse desconfortável.

3.6 Ética

Ao recolher dados primários, é necessário ter em conta o acesso aos dados (como os dados serão obtidos) e a ética (explicar por que razão precisa dos dados àqueles de quem os está a obter) (Saunders *et al.* 2008).

Vários factores podem influenciar o facto de um investigador ter ou não acesso adequado para realizar a investigação (Saunders *et al.* 2008): valor percebido, sensibilidade potencial do assunto, confidencialidade das informações e percepções da credibilidade e competência do investigador.

O investigador contactou diretamente os empregadores. Após terem sido informados da natureza dos dados solicitados, os empregadores concordaram em contribuir para a investigação, mantendo o anonimato. Antes de combinar a data e a hora da entrevista, o investigador enviou por correio eletrónico uma versão simplificada da proposta e uma cópia das perguntas da entrevista aos empregadores. Depois de analisar os documentos, os empregadores continuaram dispostos e empenhados em contribuir para a investigação.

Por razões de confidencialidade, todos os entrevistados recebem um formulário de consentimento do participante e um formulário de consentimento para a produção de documentos impressos, áudio e vídeo, que devem ser assinados pelo investigador e pelos entrevistados, no pressuposto de que os nomes dos empregadores e das suas organizações não serão mencionados no estudo.

CAPÍTULO 4 :

RESULTADOS, ANÁLISES ANÁLISE E DISCUSSÃO

4. Conclusões e análise

4.1 Limitações encontradas durante a investigação

A investigação realizada recebeu respostas positivas das três organizações (dois entrevistados pertenciam à mesma organização, como referido na secção da metodologia). Esta secção começa com uma explicação detalhada das limitações encontradas na realização da investigação. A subsecção seguinte passa a uma lista exaustiva dos resultados de cada pergunta da entrevista em relação ao seu objetivo de investigação, seguida de uma análise crítica de cada subtema abordado.

A realização de entrevistas presenciais apresenta um conjunto de vantagens, nomeadamente em termos da sua relevância para o estudo de caso. No entanto, existem também algumas dificuldades que têm um certo efeito na validade e fiabilidade dos dados obtidos. Por exemplo, nas entrevistas presenciais, a capacidade de reconhecer rapidamente as diferenças individuais é importante para compreender como as perguntas devem ser feitas e para se adaptar às respostas esperadas do inquirido. Pessoalmente, o facto de ter de realizar entrevistas consecutivas significou que tive de me preparar mais mentalmente para este assunto inesperado.

Além disso, cada local de entrevista tem as suas próprias caraterísticas, que também afectam a validade e a fiabilidade dos dados obtidos durante as entrevistas. A falta de ligações credíveis e válidas com muitas das organizações sediadas nas West Midlands implicou a necessidade de viajar de cidade em cidade, o que foi dispendioso, moroso e cansativo, apesar de as entrevistas com os entrevistados A, B e C terem tido lugar na mesma sala de reuniões, em momentos diferentes. No entanto, independentemente de quem foi entrevistado, a forma como os dados foram interpretados e as questões colocadas durante os 30-40 minutos de entrevista exigiram maior concentração e preparação mental. Assim sendo, a concentração do investigador foi diminuindo gradualmente no final das sessões de entrevista. Este foi um fator crucial que teve de ser tratado, mas que só pôde ser controlado até certo ponto antes de terminar oficialmente as sessões de entrevista.

Além disso, os factores externos também desempenharam um papel fundamental nesta investigação, nomeadamente a vaga de calor no Reino Unido. Como se trata de um fator externo, seria mais do que possível controlá-lo. Durante uma das entrevistas, foi difícil manter uma boa concentração entre o entrevistado e as perguntas que estavam a ser feitas. Além disso, analisar e sondar as perguntas tornou-se uma tarefa difícil devido à falta de ar condicionado adequado na sala de reuniões fornecida.

Outra limitação encontrada pelo investigador foi a incapacidade de argumentar criticamente os resultados e a análise escrita no âmbito desta investigação, uma vez que algumas das questões colocadas e respostas dadas careciam de variedade.

Pelo contrário, complementou e apoiou cada um dos pontos, embora estes tenham sido enumerados separadamente do seu outro objetivo de investigação.

Acima de tudo, a limitação desta investigação seria a falta de generalidade devido à dimensão da amostra selecionada. Por outro lado, se a universidade tivesse permitido ao investigador deslocar-se ao estrangeiro para realizar entrevistas com um maior número de organizações estabelecidas, os dados recolhidos seriam ainda mais credíveis e forneceriam uma melhor visão do desenvolvimento da gestão de talentos. No entanto, esta limitação não põe em causa o estudo efectuado pelo investigador.

4.2 Realização de investigação

Tal como referido no Capítulo 1 (Introdução), o objetivo desta investigação é identificar as percepções e os conhecimentos dos profissionais de RH sobre o desenvolvimento da gestão de talentos. Os objectivos desta investigação são os seguintes:

- A perceção dos profissionais de RH sobre a evolução da gestão de talentos
- A importância da gestão de talentos na organização
- A perceção do empregador sobre a gestão de talentos
- Onde deve a organização concentrar as suas "acções práticas"?

4.2.1 O desenvolvimento da gestão de talentos como uma perceção

4.2.1.1 Definir a gestão de talentos para a organização

Os entrevistados definiram a gestão de talentos numa perspetiva organizacional como a capacidade de recrutar e reter continuamente os talentos certos através de estratégias adequadas de recrutamento e seleção (R&S) e de formação e desenvolvimento (T&D). Além disso, ter a capacidade de assegurar que a organização tem "as pessoas certas a trabalhar no lugar certo e no momento certo", disse o Entrevistado B. As conversas com os entrevistados realçaram a ideia de que existem muitos factores que contribuem para a definição do termo. No atual ambiente empresarial, a procura constante de "sangue novo", como referiu o entrevistado A, que se adapte à cultura da organização (tanto a curto como a longo prazo) e a necessidade de reter talentos desempenham um papel fundamental na gestão de talentos na organização. O Entrevistado D partilha a opinião do Entrevistado A sobre a procura incessante de bons talentos que possam beneficiar a organização agora e no futuro. Isto sugere que a gestão de talentos é um ciclo contínuo de mudança que tem de ser adotado para garantir o crescimento da empresa. Além disso, os entrevistados consideram a gestão de talentos como a gestão da compreensão das necessidades dos trabalhadores e a sua adaptação ao que a organização pode oferecer para contribuir para o seu crescimento.

Voltando ao Capítulo 2, tem havido muitos debates sobre a definição de gestão de talentos, uma vez que não existe uma descrição fixa do termo "talento" devido às diferentes perspectivas, especialmente para as empresas. Com base nas conclusões actuais, há provas de que não existe uma verdadeira definição de gestão de talentos. No entanto, diferentes instituições definiram o talento de forma diferente consoante o sector, que, no entanto, partilha os mesmos objectivos. Como já foi referido, os inquiridos A, B e C representam organizações da indústria criativa para as quais a gestão de talentos é fundamental e actua diretamente como uma vantagem competitiva para as organizações.

Estas interpretações realçam a importância de identificar que não é fundamental atrair indivíduos com elevado potencial, mas também ser capaz de os desenvolver, administrar e manter como parte da estratégia de talento planeada, que é de importância correspondente. De igual modo, aceitar estes sistemas para medir o retorno do investimento (CIPD 2012). Como refere Mary Moore (1988), a quantidade de talento nas agências criativas é extraordinária (citado em Oliver & Ashley 2012). Além disso, a definição partilhada pelos entrevistados de gestão de talentos corresponde consideravelmente à definição proposta por Jackson e Schuler (1990);
"Assegurar que a pessoa certa ocupa o lugar certo no momento certo
As definições incorporadas também corroboram que a gestão de talentos é um conjunto de práticas, actividades e funções que são únicas para a equipa de RH que as facilita (Guerci & Solari 2012). Além disso, o esforço organizado por uma instituição confirma a continuidade do pessoal crítico em posições-chave e ajuda a apoiar o desenvolvimento individual (Rothwell 1994). Pode reconhecer-se que todos os entrevistados compreendem a definição de gestão de talentos.

4.2.1.2 O efeito da "guerra pelo talento

Desde a publicação de "The War for Talent", os quadros superiores continuam, sem dúvida, a considerar o talento como um fator-chave do desempenho organizacional. Os inquiridos partilharam os seus pontos de vista, afirmando que a maior parte das organizações confia no "talento certo" como uma vantagem competitiva para a empresa. Isto inclui a capacidade de recrutar e manter empregados com personalidades e qualidades diferentes e que fornecem à organização uma quantidade substancial de ideias e pensamentos. Além disso, as empresas da indústria criativa são indústrias "baseadas no conhecimento" que exigem ciclos contínuos de ideias e têm maior utilidade para a organização. No entanto, o valor de se concentrar no talento nas indústrias baseadas em empresas é reconhecer os indivíduos criativos e trabalhadores no seu domínio.

Não há dúvida de que, à medida que o tempo avança, o talento está a tornar-se uma fonte de activos cada vez mais escassa para as organizações. Um inquérito realizado pelo CIPD mostra que a gestão de talentos é vista como uma prioridade (2012). A investigação destaca os factores que impulsionam a importância crescente da gestão de talentos como uma potencial combinação de questões de oferta externa e requisitos internos de gestão, tais como a intensificação dos mercados globais competitivos, a escassez de competências, as tendências demográficas, a autoridade comercial e a estratégia empresarial (CIPD 2012; Roberts *et al.* 2005). A gestão de talentos é uma exigência interna desenvolvida por uma organização porque todas as organizações precisam de empregados inteligentes, diligentes, trabalhadores e de elevado desempenho (Piansoongnern 2010). Para além disso, os empregadores compreendem que "cada trabalhador tem o seu próprio talento". Assim sendo, é afetado um orçamento significativo à formação e ao desenvolvimento de trabalhadores "talentosos" (Kupstuch & Pang 2006).

Uren (2007) indicou que a criação de um ambiente motivador ajuda a melhorar o desempenho e a reter os trabalhadores. Por outro lado, coloca-se a questão de saber que fonte de empenhamento deve ser proporcionada para que os trabalhadores utilizem os seus talentos. E durante quanto tempo? É difícil medir a forma como os trabalhadores se sentem, as suas intenções e o esforço suplementar que trazem para a organização.

4.2.1.3 Responsabilidade pela gestão de talentos

A este respeito, quem deve ser responsável pela gestão de talentos? As discussões com os entrevistados revelaram que a responsabilidade pela gestão de talentos cabe a todos na organização (ou seja, empregados, gestores de linha, RH e direção). Os gestores de topo desempenham um papel na salvaguarda da gestão de talentos, identificando a direção do negócio e trabalhando com os RH para identificar as soluções certas para atingir os objectivos da organização. Embora os RH sejam responsáveis pela partilha de ideias e estratégias relevantes, têm a obrigação de facilitar e apoiar os gestores de linha ao longo do processo de gestão de talentos. Os activos da organização (ou seja, os trabalhadores) são sempre encorajados a encarar a gestão de talentos como um compromisso para com a organização e os seus objectivos. Do mesmo modo, os trabalhadores desempenham um papel fundamental na comunicação efectiva de ideias, questões e problemas. Por sua vez, os gestores de linha e os recursos humanos são responsáveis por garantir um ambiente de trabalho transparente e por proporcionar oportunidades de desenvolvimento. Em suma, a responsabilidade pela gestão de talentos é "...um esforço conjunto" entre os membros da organização.

Envolver as pessoas certas é crucial porque as partes interessadas certas desempenham um papel importante no desenvolvimento da estratégia de gestão de talentos e noutras actividades relacionadas. Estas incluem

- Empregados - Talentos - Participantes
- Gestores
- Função RH

(Beechler & Beechler 2011)

Os trabalhadores não podem continuar à espera que as oportunidades surjam sem agir a tempo. Os trabalhadores que assumem a responsabilidade e gerem as suas carreiras conhecendo-se a si próprios, sabendo o que está disponível, sabendo o que as pessoas pensam deles e sabendo a quem pedir ajuda. Em particular, os trabalhadores precisam de assumir o controlo das suas carreiras, desenvolvendo o seu trabalho, assegurando que se esforçaram muito no seu trabalho, estabelecendo redes dentro da organização com outros departamentos relevantes para ajudar a envolver-se com os outros e a energizar-se no seu trabalho diário (Beechler & Beechler 2011).

Além disso, a principal preocupação dos empregadores é selecionar os participantes para programas formais de desenvolvimento de talentos. Processos de seleção corretamente estruturados acrescentam valor aos programas de desenvolvimento de talentos e aumentam a motivação dos participantes. Por outro lado, a não seleção de outros trabalhadores terá efeitos negativos. Sobretudo se aqueles que são "excluídos" receberem um feedback sensível e prático (CIPD 2012). Uma vez que os indivíduos tenham concluído os seus programas de talentos, retê-los através de estruturas de interação contínuas é essencial para certificar que eles não expressam irritação sobre as suas oportunidades de desenvolvimento de carreira associadas à gestão de talentos, o que não é um efeito instantâneo.

Além disso, o desenvolvimento de um "pipeline de talentos" é útil para garantir o envolvimento dos diretores e dos gestores de topo (CIPD 2012). Embora a organização tenha disponibilizado sistemas e ferramentas adequados para a utilização do desenvolvimento de talentos, os gestores que são assumidos como "orientados para o desenvolvimento" são responsáveis pelo apoio e supervisão dos trabalhadores. Especificamente, os gestores de linha são responsáveis pela gestão do desempenho e pelo reconhecimento dos talentos que precisam de ser desenvolvidos na sua própria área (Cannon & McGee 2011). São também responsáveis pela criação e implementação de tarefas de desenvolvimento, pelo incentivo à assunção de riscos, pela definição de objectivos a longo prazo e pela exploração de recursos não utilizados (Kaye *et al.* 2011).

Em segundo lugar, como é óbvio, os RH desempenham um papel vital na responsabilização devido à variação e imprecisão contínuas do ambiente empresarial atual. Os gestores de RH são responsáveis pelo alinhamento das metas e objectivos organizacionais e pela sua integração com soluções empresariais através de programas adequados de gestão de talentos. Além disso, os RH não só compreendem os actuais processos de gestão de talentos, como também integram novas ideias. Em segundo lugar, os RH têm de "acender" novas tácticas e métodos, integrando-os depois na cultura da organização. Além disso, é necessário reexaminar as políticas, os sistemas e as estruturas da organização que são capazes de apoiar o desenvolvimento da carreira na organização. Para além disso, para implementar, é necessário praticar uma boa comunicação e ser transparente em toda a organização (Kaye et al 2011). Em suma, a responsabilidade é deixada às pessoas que compõem a organização, gestores, trabalhadores e RH. Por conseguinte, os pontos de vista e as percepções partilhados pelos entrevistados são uma prova do que é considerado a melhor forma de gerir o talento.

4.2.1.4 Recrutamento de novos talentos = Sem alterações

A questão colocada consistia em conhecer as percepções dos profissionais de RH relativamente à razão subjacente à ineficácia do desempenho ou da contribuição para a organização, apesar de serem "talentosos". Embora o talento pareça ser uma influência importante em muitas organizações, há muitos outros factores internos e externos que devem ser considerados antes de selecionar o candidato certo para ajudar a fazer uma diferença positiva no desempenho da organização. É importante ter em conta, durante o processo de R&S, que "os candidatos devem ser avaliados com base na sua capacidade de adaptação ao sector, à filosofia da empresa, à cultura do país e à equipa a que são afectados", como afirmou o entrevistado A. Além disso, as empresas mundialmente reconhecidas exigem que os "talentos" sejam adaptáveis e flexíveis nas tarefas e responsabilidades que lhes são atribuídas atualmente e no futuro.

Dito isto, o processo de entrevista é crucial para revelar estas qualidades, competências ou "intangíveis", como referiu o entrevistado C, para garantir uma boa adaptação à organização. Foi também referido que é essencial manter a transparência entre o candidato e os responsáveis pelo recrutamento, em termos de criação de funções e descrições de funções claras. É igualmente importante garantir que a transparência se mantenha ao longo de todo o processo de entrevista e de indução. Assim, é mais provável que os empregados contribuam mais para a organização como um todo e que vejam o seu tempo na empresa como uma carreira.

A estratégia de R&S utilizada nas organizações está a evoluir cada vez mais para o "poaching" e o headhunting seletivo; a concorrência pelo talento é, portanto, mais forte. "Alinhar os indivíduos com as funções ou alinhar as funções com as pessoas são as escolhas estratégicas a considerar aquando do recrutamento..." (Cunnigham 2007). As funções dos RH na implementação do processo formal de R&S para pools de talentos são garantir que a facilitação do pool de talentos, os programas e os critérios de seleção são aplicados de forma consistente (CIPD 2012). Outro autor, Pollitt, refere que as competências essenciais que as organizações procuram num indivíduo são a sua capacidade de se adaptar rapidamente às mudanças internas e externas, de mudar a sua atitude e comportamento, as suas capacidades de liderança, a sua capacidade de influenciar e trabalhar eficazmente com os outros e de trabalhar com equipas ou parceiros (2004). Isto evidencia claramente os requisitos que os empregadores devem realçar durante o processo de I&S e que foram claramente identificados pelos inquiridos. Além disso, salienta o facto de que mesmo as mais pequenas caraterísticas desempenham um papel vital na seleção de candidatos adequados no atual clima económico.

Por conseguinte, o processo de entrevista e os centros de avaliação requerem um investimento significativo por parte da instituição para derrotar os concorrentes (Williams 2000). É igualmente necessário reconsiderar as descrições de funções e os modelos de competências à luz do trabalho e dos trabalhadores necessários num determinado período. A maior importância da avaliação dos candidatos é o critério psicológico que reflecte as probabilidades intelectuais e pessoais do candidato (Moczydlowska 2012). A Accenture classificou o recrutamento como um dos três processos mais importantes em 2003, provando que os processos de recrutamento avaliam os candidatos em pormenor com uma combinação de conhecimentos, competências e comportamentos de que a organização necessita (Cheese et al 2008). Além disso, a imagem da empresa é um elemento que contribui para o magnetismo dos candidatos (Listwan 2005).

Além disso, a experiência de indução de um novo funcionário é crucial para qualquer organização. Pense no que custaria à organização investir dinheiro e tempo para concluir os processos de R&S e T&D para os novos funcionários. Além disso, não será justo ajudar os novos funcionários a atingir 100% de produtividade o mais rapidamente possível? A questão seguinte é saber como é que isto se relaciona com a gestão de talentos ou a gestão de competências. Com uma boa experiência de indução, os novos funcionários podem ter uma ideia clara da cultura da organização e do seu lugar dentro dela. Além disso, uma boa experiência de indução tem um impacto na marca do empregador. Dito isto, as experiências de indução podem ser benéficas para a organização:

- Reduzir as taxas de rotação: -

De acordo com um inquérito, 86% dos novos contratados decidem se querem ou não deixar o seu novo empregador nos primeiros seis meses de emprego (Berger e Berger 2011). Consequentemente, os trabalhadores da Geração Y e dos Millennials são menos susceptíveis de suportar uma experiência de trabalho insatisfatória (Hewitt Associates 2003). Daí a necessidade de uma boa experiência de indução para impressionar o novo trabalhador e comunicar claramente as expectativas do empregador.

- Aumento do empenhamento dos trabalhadores: -

Uma má primeira experiência de um novo colaborador com a organização pode ficar rapidamente manchada. Por outro lado, uma boa experiência de indução dá ao novo empregado uma boa visão geral da organização. Como já foi referido, a manutenção da marca do empregador é fundamental para obter um trabalhador apaixonado, orgulhoso e determinado. Desta forma, as competências do empregado serão facilmente desenvolvidas e utilizadas para o desenvolvimento positivo do estabelecimento.

Consequentemente, o tempo necessário para que os novos recrutas sejam produtivos e tragam rendimentos positivos para a organização é reduzido.

Estes processos criam uma experiência positiva da organização para os novos candidatos e contratados. Assim sendo, dão aos candidatos a oportunidade de compreender melhor a cultura da organização e de se avaliarem a si próprios quanto à sua adequação. Por outro lado, apesar de todos os esforços efectuados, será sempre possível que os novos recrutas queiram deixar a organização?

Estes factos e explicações são um exemplo claro de como reduzir o risco de contratar candidatos inadequados, tal como indicado na pergunta da entrevista colocada aos empregadores.

4.2.2 A importância da gestão de talentos para a organização

4.2.2.1 A estratégia formal de gestão de talentos da organização

As avaliações de talentos foram implementadas nas organizações representadas por todos os entrevistados como uma estratégia formal de gestão de talentos. No entanto, os processos diferem ligeiramente entre organizações. Os entrevistados A e B pertencem à mesma organização, mas as suas funções diferem em termos de gestão de colaboradores a nível local e global. As avaliações de talentos efectuadas pela organização revelaram que o entrevistado B efectua dois tipos diferentes de avaliação de talentos, consoante o nível de gestão da organização.

- Avaliação das competências dos gestores de topo :
- Selecionar os melhores mercados, seguidos pelos melhores gestores, compreendendo os seus factores de sucesso nos mercados e compreendendo as pessoas certas necessárias para obter resultados novos e interessantes para a organização.
- Avaliar as competências dos quadros médios e inferiores :
- Sistemas de avaliação seguidos de planos de sucessão adequados que são postos em prática e iniciados pelos gestores de linha através da identificação de objectivos e da seleção de pessoas adequadas que possam atuar como motores para atingir esses objectivos.

Por outro lado, na área da gestão de talentos são realizados processos semelhantes aos do entrevistado B, mas a diferença notória do processo de avaliação de talentos reside no facto de o seu âmbito ser global. Assim, a avaliação de talento é utilizada para avaliar os melhores desempenhos e criar planos de sucessão adaptados aos melhores desempenhos e flexíveis em termos de mobilidade internacional.

Para o entrevistado C, as avaliações de talentos têm lugar de seis em seis meses e constituem uma oportunidade para discutir a reavaliação dos objectivos e definir novos objectivos. Além disso, são efectuadas avaliações anuais a todos os trabalhadores da organização. Do mesmo modo, tal como referido pelo entrevistado D, a análise de talentos aplicada pelo estabelecimento foi desenvolvida recentemente (ou seja, há menos de 3 anos). A identificação das pessoas com capacidades e competências para assumirem responsabilidades e serem consideradas como ideias para os quadros superiores num futuro próximo baseia-se numa lista de critérios elaborada pela equipa de RH. No entanto, antes de se fazer qualquer investimento adicional no planeamento da sucessão, são implementados processos de avaliação para avaliar o desempenho do funcionário e para ser transparente na proposta que lhe é feita.

É por isso que o papel do desenvolvimento de talentos bem sucedido é extremamente importante. No entanto, não será isto semelhante às abordagens de gestão do desempenho? O processo de gestão do desempenho envolve a análise do desempenho atual de um indivíduo e a discussão das intenções do indivíduo para o futuro em termos de objectivos planeados, gestão da carreira e planeamento do desenvolvimento (Blass 2009). Por outro lado, os processos de gestão do desempenho são um fator essencial para o desenvolvimento positivo do talento. O resultado é uma contradição entre as ideias baseadas na teoria e na prática.

Embora este processo tenha como objetivo melhorar o talento, tanto para o trabalhador como para a organização, é notoriamente uma das "tarefas de gestão mais assustadoras" (Beechler & Beechler 2011). É criticado por visar os processos errados e por salientar a falta de integração com outras actividades de gestão de talentos. Além disso, é necessário que os trabalhadores, em especial os de elevado desempenho, recebam feedback objetivo, compreendam os percursos de carreira da organização e sintam que o processo de gestão do desempenho estabelecido diferencia os trabalhadores de elevado desempenho dos trabalhadores de desempenho médio ou baixo. No entanto, as avaliações de desempenho constituem uma oportunidade para os trabalhadores ou talentos individuais se envolverem e discutirem o seu desempenho e desenvolvimento na organização (CIPD 2013). A utilização destas avaliações desempenha um papel fundamental na gestão do desempenho, mas não actua como gestão do desempenho propriamente dita. Pelo contrário, é uma ferramenta que pode ser utilizada para gerir o desempenho. Os trabalhadores têm a oportunidade de resolver quaisquer questões relacionadas com as suas funções e o trabalho que efectuam. São utilizados para tomar decisões no âmbito de planos de desenvolvimento e melhoria e para chegar a um acordo no interesse do trabalhador e da organização. Além disso, os funcionários têm a oportunidade de obter um feedback de 360 graus.

Por conseguinte, quando os trabalhadores têm um bom desempenho, os planos de sucessão são desenvolvidos como parte da estratégia de gestão de talentos da organização. Será sempre necessário garantir que os planos de sucessão criados para os trabalhadores ou para os quadros superiores são adequados aos mesmos, tendo em conta factores culturais, função, descrição de funções, etc.

4.2.2.2 Benefícios do talento para a organização

Os entrevistados sugeriram que o reconhecimento do talento numa organização tem uma série de benefícios. Em primeiro lugar, a organização teria mais probabilidades de obter uma vantagem competitiva, especialmente no atual clima económico. Além disso, ter um trabalhador talentoso que se enquadre na cultura da organização pode ajudar a transferir as suas "competências profissionais" para outros membros da equipa e é uma forma de recompensa intrínseca para os outros trabalhadores ou membros da equipa, tal como referido pelo Entrevistado A. O entrevistado C refere que, com o talento, são trazidas e partilhadas novas ideias e perspectivas sobre a forma de lidar com os problemas, dando um impulso positivo à organização para atingir os seus objectivos. Do ponto de vista empresarial, o entrevistado D refere que, com o talento, a organização beneficia do facto de empregar indivíduos que estão dispostos a fazer e a entregar mais do que lhes é pedido e que são capazes de ultrapassar os seus limites e fronteiras. Em suma, a organização tem tudo a ganhar com o recrutamento de empregados que queiram atingir objectivos para si próprios e para o estabelecimento.

Incentivar a gestão de talentos como parte da estratégia de crescimento a longo prazo de uma empresa e como meio de garantir a sustentabilidade futura é um investimento em retornos positivos futuros (CIPD 2008). A gestão de talentos permite que as organizações se mantenham à frente dos seus concorrentes, especialmente à medida que a economia recupera.

"Com o objetivo de reduzir os níveis de recrutamento, as organizações precisam de avaliar os trabalhadores que já têm para ver quem pode ser transferido para funções críticas" (CIPD 2008).

Nonaka e Toyama (2005) também mencionaram que a criação e a transferência de conhecimentos a diferentes níveis da organização envolvem um processo de socialização, externalização, combinação e internalização. Para além disso, existem benefícios na implementação de estratégias de gestão de talentos para recrutar, reter e desenvolver trabalhadores talentosos:

- Os trabalhadores talentosos contribuem para o desempenho da organização

- Custos de recrutamento e retenção mais baixos
- A imagem de marca da empresa é preservada ou reforçada
- A vantagem competitiva da organização

A Figura 5 abaixo ilustra dados gráficos actualizados obtidos do Project Management Institute (PMI) dos EUA em relação à rotatividade organizacional, à rotatividade dos trabalhadores e às taxas de envolvimento e retenção dos trabalhadores. Em resposta, a gestão de talentos cria a vantagem competitiva de que as organizações necessitam para se manterem e crescerem (PMI 2013).

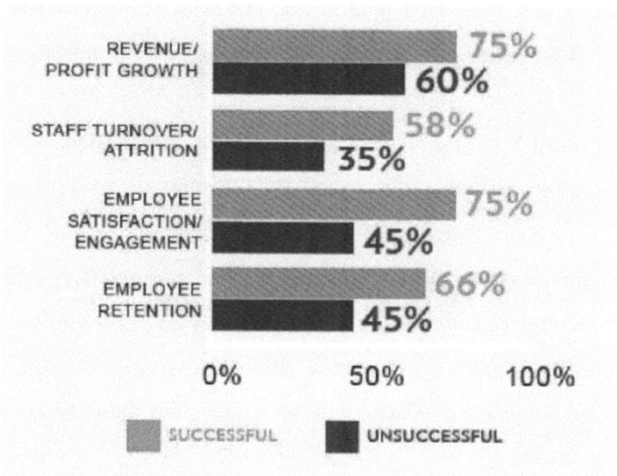

Figura 5: Medidas de resultados da gestão de talentos (PMI 2013)

Por último, existe uma outra escola de pensamento sobre os benefícios do talento na organização. Berger e Berger (2011) referem que o talento interno está ligado aos resultados das partes interessadas externas. Quando a organização tem um bom desempenho, os resultados são visíveis:

- Aumento do valor para o cliente
- Aumento do valor para o investidor
- Reforçar a reputação da comunidade

4.2.2.3 Reter os trabalhadores dos concorrentes

As organizações acreditam que os trabalhadores contratados são talentosos e valiosos e que, por isso, é necessário que a organização tente reter os seus talentos. Dado que as pessoas mudam frequentemente de emprego devido a melhores prémios e salários, as organizações criaram uma série de formas de reter os trabalhadores e minimizar a possibilidade de tal acontecer. Estas incluem:

- Avaliação comparativa dos salários dos trabalhadores a todos os níveis da organização (ou seja, do nível mais elevado ao mais baixo). A prática da transparência através da comparação dos salários actuais com os de outras organizações garante que a gestão é tratada de forma justa. Além disso, os trabalhadores têm a garantia de serem bem pagos e de forma competitiva.

- Praticar uma estrutura de gestão horizontal que dê aos trabalhadores um sentido de autonomia, permitindo-lhes ser decisores activos.

- Flexibilidade enquanto organização para compreender as necessidades dos trabalhadores e o que a organização pode fazer para ajudar a satisfazer essas necessidades. Desta forma, os trabalhadores e a organização podem beneficiar igualmente. Isto pode ser feito dando-lhes a oportunidade de se desenvolverem através de cursos de formação e desenvolvimento.
- Praticar uma boa comunicação entre a equipa de RH, os superiores hierárquicos e os trabalhadores, investigando as razões da sua saída e avaliando formas de melhorar a gestão para o futuro.
- As políticas de igualdade de remuneração e de recompensas têm por objetivo criar igualdade de remuneração e de recompensas para todos os níveis de pessoal. Esta política é particularmente utilizada pela organização representada pelo entrevistado D. Mas é claro que considerar a hipótese de aumentar o salário atual do trabalhador para igualar o salário oferecido seria um último recurso.
- Compreender a população e as suas aptidões e, em seguida, oferecer-lhe a oportunidade de se tornar um futuro líder.

De um modo geral, as organizações estão a centrar-se na promoção de recompensas intrínsecas para os trabalhadores através do desenvolvimento de competências, da igualdade de oportunidades, da adequação ao posto de trabalho, da cultura organizacional, da igualdade de tratamento, da boa comunicação e da transparência.

É provável que existam várias formas, tanto monetárias como não monetárias, de conseguir uma baixa rotatividade e uma elevada retenção numa organização. Além disso, os trabalhadores que participam em programas de gestão de talentos concebidos pelo empregador são mais motivados pelas recompensas intrínsecas do empenhamento pessoal e da satisfação no trabalho. Mas os empregadores esquecem-se que têm mais probabilidades de reter os trabalhadores quando estes têm uma boa relação e uma comunicação aberta com o seu superior hierárquico (Blass 2009). Os gestores de primeira linha com as competências de retenção corretas são os que podem desenvolver as suas competências de retenção (Frank & Taylor 2004).

A retenção de trabalhadores a quem foi oferecida uma posição melhor em termos de remuneração e benefícios está a tornar-se uma tarefa difícil para as organizações, especialmente no atual clima económico. No entanto, para resolver os problemas de retenção, os empregadores têm de ouvir os pedidos ou queixas dos actuais trabalhadores e avaliar os trabalhadores que saem (por exemplo, entrevistas de saída e avaliações). É importante assegurar que os trabalhadores da organização se sintam valorizados e sejam responsáveis pela tomada de decisões. Por exemplo, aumentando as oportunidades de formação e desenvolvimento, melhorando os pacotes de remuneração e benefícios da organização ou melhorando o processo de indução para novos funcionários. Além disso, pode mesmo ser racionalizado para melhorar o ambiente de trabalho quotidiano dos trabalhadores, a fim de aumentar a satisfação no trabalho. São muitos os factores que contribuem para a retenção de trabalhadores e os métodos que podem ser implementados para evitar situações complicadas ou para as compreender melhor. A retenção de trabalhadores nem sempre exige mais dinheiro (Keogh 2011). No entanto, haverá sempre situações inevitáveis em que todos os esforços são redundantes.

4.2.2.4 Estratégias utilizadas para implementar a gestão de talentos

Em termos de estratégias adequadas de gestão de talentos, os inquiridos indicaram que um bom nível de apoio entre departamentos, gestores de linha e trabalhadores é essencial para uma organização estruturada. No entanto, é vital um bom apoio da equipa de RH para facilitar a gestão de talentos. Isto significa garantir que o processo de recrutamento, a formação e o desenvolvimento de competências e as oportunidades de aprendizagem são estruturados de forma a adequarem-se à organização e aos seus colaboradores. Ao facilitar o processo de recrutamento, a equipa de RH tem de compreender e avaliar o que a organização tem, as necessidades de desenvolvimento futuras (ou seja, os objectivos a atingir), a identificação das competências exigidas aos novos empregados, a capacidade dos candidatos para aprender mais e as competências de liderança disponíveis na organização. A formação e o desenvolvimento de competências para a implementação da gestão de talentos podem ser alargados a muitos factores contributivos, como a oferta de oportunidades desafiantes e iguais de participação e desenvolvimento de competências para ajudar os empregados a desenvolverem-se e potencialmente orientá-los para estarem prontos para a sua próxima função promovida. Para além disso, outras formas de implementar esta estratégia incluem a criação de uma estratégia de recompensa razoável e adequada para os trabalhadores de toda a empresa.

Além disso, o apoio dos gestores de topo e dos gestores de linha é igualmente importante. A necessidade de ter gestores capazes de prestar apoio insuficiente aos trabalhadores e de reconhecer os trabalhadores talentosos contribui para a implementação de uma estratégia de gestão de talentos bem sucedida na organização.

A implementação de uma estratégia numa organização requer a participação e o empenho de todos os intervenientes, do topo à base. É essencial assegurar que os empregados compreendam os objectivos da organização. No entanto, os líderes da organização também desempenham um papel na implementação da gestão de talentos. Sem o apoio da direção, os trabalhadores e as outras partes interessadas não se envolverão em todas as questões organizacionais.

4.2.3 Percepções dos empregadores sobre a gestão de talentos

4.2.3.1 O que significa a gestão de talentos para os empregadores

"Os entrevistados A, B e C também partilham a opinião de que a gestão de talentos é a capacidade de "encontrar as pessoas certas, no momento certo, no lugar certo". O entrevistado D partilha a mesma opinião, mas considera que se trata também da capacidade de identificar pessoas especiais e de as ajudar a serem mais úteis à empresa e a si próprias. A gestão de talentos é da responsabilidade dos RH e dos gestores, que devem contribuir para que isso aconteça. Além disso, uma boa sinergia entre os representantes dos RH e os gestores facilita a procura da pessoa certa para o trabalho. O entrevistado A sublinhou igualmente a necessidade de transparência. De acordo com os entrevistados, isto implica a capacidade de compreender toda a população e de ser flexível na oferta de oportunidades de aprendizagem e desenvolvimento.

Com base nas respostas e justificações acima apresentadas, é possível sugerir que não existe uma definição única do termo "gestão de talentos". No entanto, as definições dadas por todos os inquiridos variam consoante o sector e o entendimento da definição de "talento". O processo de atrair, desenvolver, reter e empregar as melhores pessoas pode ser definido como gestão de talentos (Berger e Berger 2011). Além disso, a gestão de talentos exige que as partes interessadas da organização sejam responsáveis pelo sucesso das estratégias.

4.2.3.2 Gestão de talentos

A gestão do talento pode ser dividida em recrutamento e seleção, formação e desenvolvimento e igualdade de tratamento dos trabalhadores. A capacidade de compreender a população disponível (isto é, os *"ambiciosos"* ou os *"estáveis"*), de pôr em prática processos de indução adequados que dêem aos novos empregados uma boa compreensão da organização e de ser honesto com os candidatos quando estes fazem perguntas sobre as funções e a cultura da organização. Além disso, uma vez que os trabalhadores são vistos como activos da organização, é importante que sejam tratados de forma equitativa (aplicação de uma política de igualdade e de igualdade de oportunidades), que saibam gerir diferentes tipos de trabalhadores, que sejam valorizados, que sejam transparentes, que ouçam as necessidades dos trabalhadores e que lhes forneçam o equipamento e as ferramentas de que necessitam para um bom desempenho.

Tal como indicado anteriormente pelos correspondentes e de acordo com a análise efectuada, a gestão de talentos é crucial em todas as fases dos processos de I&S e T&D. Além disso, os factores intangíveis também desempenham um papel na gestão de talentos. Além disso, os factores intangíveis também desempenham um papel na gestão dos talentos. No entanto, a manutenção da igualdade de tratamento dos trabalhadores dentro da organização limita as formas potencialmente mais fáceis de gerir o talento. A necessidade de compreender a população, as necessidades dos trabalhadores, a cultura e os objectivos da organização é muito importante para a gestão de talentos.

4.2.3.3 Sectores público e privado

Ao comparar as organizações dos sectores público e privado, a investigação revelou que existe uma diferença significativa entre as organizações dos dois sectores. Os entrevistados indicaram, através da observação e do conhecimento em segunda mão, que as organizações de ambos os sectores têm as mesmas intenções em matéria de gestão de talentos e enfrentam os mesmos desafios para assegurar os talentos certos para o progresso da organização. No entanto, as organizações do sector público são vistas como tendo mais controlos obrigatórios, regras e regulamentos, benefícios fixos e regimes de pensões. Como disse o entrevistado A, "trata-se de passar pelo processo e nada mais". Mas é claro que, tratando-se de uma organização do sector público, entram em jogo factores externos como os meios de comunicação social e a perceção do público. O entrevistado D partilha a opinião de que as organizações do sector privado têm a capacidade de ser mais flexíveis e criativas na adaptação das necessidades actuais dos trabalhadores às orientações da organização para o progresso. Por outro lado, segundo o entrevistado D, as organizações do sector público estão a progredir lentamente, mas ainda têm um longo caminho a percorrer para continuarem a progredir.

Embora a introdução do termo "gestão de talentos" seja relativamente recente, tanto nas organizações do sector público como do sector privado, as organizações do sector público ainda não dispõem de meios para se adaptarem ao atual clima económico. Atualmente, não existem estratégias adequadas e conhecidas que estejam a ser implementadas por organizações do sector público e sobre as quais se fale ou escreva. No entanto, foram publicados relatórios sobre as áreas em que as organizações do sector público devem concentrar-se. Dizem que estão a enfrentar uma "oferta cada vez mais reduzida" de jovens trabalhadores. As organizações do sector público estão a concentrar-se no recrutamento de novas competências ou talentos, visando os jovens que abandonam a escola e os licenciados (por exemplo, os serviços de polícia e o Serviço Nacional de Saúde). Mas é claro que as organizações do sector privado estão a competir para atrair os jovens mais inteligentes (Devine e Powell 2008). Do mesmo modo, o envelhecimento da força de trabalho está a exercer pressão sobre as organizações do sector público. De acordo com um estudo da Ashridge Business School, 31% da força de trabalho tem mais de 50 anos e é provável que se reforme na próxima década. A preocupação com a gestão de talentos no sector público atingiu um ponto alto, o que levou a um relatório do Gabinete do Vice-Primeiro-Ministro, que salienta a necessidade urgente de as autoridades locais... :

- Recrutamento a partir do mais vasto leque de talentos
- Gestão de carreiras profissionais para passageiros frequentes
- Aumentar o recrutamento de licenciados
- Incentivar a circulação de talentos no sector público
- Participar no desenvolvimento conjunto da liderança com outras organizações do sector público (Devine e Powell 2008)

No entanto, tanto as organizações do sector público como do sector privado estão a sofrer de escassez de competências devido a uma série de factores, incluindo a evolução demográfica da concorrência internacional, a alteração da composição da força de trabalho e a grave "fuga de cérebros" que afecta o Reino Unido.

4.2.3.4 Gestão de talentos versus práticas tradicionais de recursos humanos

A partir das entrevistas realizadas, os pontos de vista partilhados pelos profissionais de RH apoiam a ideia de que existe uma diferença significativa entre a estratégia de gestão de talentos e as práticas tradicionais de RH. Segundo eles, as práticas tradicionais de RH consistem em responsabilidades de gestão de pessoal, administração, salários e imigração (se se tratar de uma organização internacional). Atualmente, embora algumas tarefas administrativas continuem a ser realizadas, a gestão de talentos acrescenta mais valor aos RH enquanto profissão. Além disso, os trabalhadores são valorizados como activos. A integração da gestão de talentos e das práticas de RH permite que os RH actuem como um parceiro comercial da organização, prestando aconselhamento e apoio em benefício dos trabalhadores e da organização.

Os inquiridos compreendem e estão plenamente conscientes das diferenças entre as práticas tradicionais de RH, a gestão de talentos e o desenvolvimento de práticas tradicionais de RH para satisfazer as necessidades das organizações actuais, a fim de obterem vantagens competitivas. Apesar das caraterísticas das práticas tradicionais de RH, os RH controlam atualmente as funções administrativas tradicionais de RH (ou seja, contratação, recrutamento, remuneração e formação dos trabalhadores) e são vistos como um parceiro de negócios no desenvolvimento de sistemas operacionais de RH e na assistência à implementação de planos de negócios e gestão de talentos (Lawler 2005).

Se nos referirmos à revisão da literatura no capítulo anterior, podemos ver que a principal distinção entre os RH tradicionais e os novos RH reside na justificação do que está a ser medido e porquê.

Mais importante ainda, o controlo do pessoal em termos de tarefas administrativas atribuídas, que exigem pouco esforço na criação de processos integrados de desenvolvimento do pessoal. A tónica seria colocada nos salários e benefícios, na assiduidade e noutros controlos do processo de recrutamento. Consequentemente, as práticas tradicionais de RH não permitem uma boa compreensão das competências necessárias para preencher as "lacunas" no progresso da organização (Cheese et al 2008). Atualmente, o papel dos RH consiste em certificar as competências adequadas necessárias para implementar eficazmente as estratégias criadas para o desenvolvimento organizacional (Donkin 2007).

4.2.4 Acções práticas" preferidas pelas organizações

4.2.4.1 Recrutamento e seleção vs. formação e desenvolvimento

Quanto à questão de saber onde se deve centrar a gestão de talentos, todos os inquiridos concluíram que os processos de R&S e T&D desempenham um papel substancial no investimento em talentos. Mais uma vez, o investimento em tempo e dinheiro deve começar com o processo de recrutamento e seleção. O processo utilizado é um fator poderoso para determinar o talento dos candidatos e a sua adequação à organização. Consequentemente, a formação e o desenvolvimento dos candidatos adequados ou dos trabalhadores contratados não serão tanto uma despesa como um investimento útil para o indivíduo e para a organização.

Com base nos resultados, não se pode afirmar que a R&S ocupa uma posição mais forte nas estratégias de gestão de talentos. As organizações não devem depender sempre do desenvolvimento interno de talentos. Por conseguinte, o processo de R&S de procura de talentos a nível interno e externo é altamente necessário ( ) (Berger & Berger 2011). O alinhamento da gestão de talentos com a R&S deve começar com a oferta de emprego, a função e as descrições de funções utilizadas para corresponder aos programas de sucessão e planeamento de carreira da organização.

4.2.4.2 Estratégia de recomendação de candidatos da Virgin Media (Recomendação dos trabalhadores)

Os sistemas de referenciação de trabalhadores são uma estratégia utilizada pelas organizações representadas pelos entrevistados para recrutar novos talentos. No entanto, a organização representada pelo entrevistado D reconhece esta estratégia, mas não oferece um programa ou incentivo. Os empregadores encaram esta estratégia como uma forma de selecionar um talento mais adequado, em vez de recrutar uma pessoa de fora. Como organizações respeitáveis que praticam a transparência, as novas vagas são publicadas no portal de emprego interno para todos os empregados (local e globalmente) para ajudar a divulgar a vaga. A maioria dos entrevistados indicou que esta estratégia resultou em taxas de sucesso mais elevadas. Além disso, os candidatos recomendados adaptam-se frequentemente melhor à cultura, à equipa e à ética de trabalho da organização. No entanto, o entrevistado D sublinhou a importância do processo de recrutamento e seleção, durante o qual os candidatos são cuidadosamente avaliados.

O desafio permanente de encontrar e contratar trabalhadores qualificados e talentosos está a obrigar muitas entidades patronais a criar uma variedade de métodos para atrair candidatos. Neste caso, os empregadores confiam nos seus próprios empregados para encontrar "sangue novo". Como resultado, os programas de recomendação funcionam como um sistema de compensação quando os empregados indicam novos recrutas, mas apenas depois de estes terem completado o seu período de estágio. Embora esta seja uma estratégia fácil de adotar por muitas organizações, tem vários inconvenientes:

- Sub-representação de uma força de trabalho diversificada: Devido à aprovação de candidatos provenientes dos círculos sociais habituais, a organização tende a ser homogénea. Possibilidade de representação desequilibrada de membros de determinadas raças, religiões, géneros, preferências sexuais e crenças. É sempre preferível poder manter um equilíbrio diversificado de trabalhadores em qualquer organização. Consequentemente, aumenta o risco de as empresas serem acusadas de discriminação contra candidatos rejeitados.
- Problemas de comportamento organizacional: Como já referimos, os trabalhadores recomendam pessoas do seu círculo social habitual. A formação de panelinhas organizacionais pode fazer com que os outros trabalhadores da organização se sintam excluídos e, a dada altura, desmotivados. Além disso, a formação de panelinhas pode encorajar outros trabalhadores a assumir a culpa ou a encobrir os erros de outros que afectam as funções de trabalho.
- Fidelidade e produtividade do trabalhador: Esta desvantagem pode funcionar nos dois sentidos; o facto de ter de trabalhar com o trabalhador de referência no estabelecimento traduz-se numa produtividade elevada porque o trabalhador sabe que corre o risco de manchar o estatuto do trabalhador de referência no estabelecimento.

No entanto, o desempenho do candidato pode diminuir se o empregado que o recomendou deixar a empresa. Para além disso, se forem feitas melhores ofertas de emprego ao trabalhador que o recomendou.

(Pearson 2013).

4.2.4.3 Manter os "bons talentos" na organização

No atual clima económico, a retenção de bons talentos nas organizações está especificamente centrada na manutenção ou melhoria do bem-estar dos funcionários dentro da organização. Por outras palavras, os empregadores estão a concentrar-se nas recompensas intrínsecas dos

trabalhadores.
O entrevistado A salienta a necessidade de praticar a gestão dos trabalhadores da organização, permitindo-lhes encarar o seu tempo e esforço na organização como uma carreira. A organização salienta que tem a capacidade de diversificar o seu campo de trabalho e conhecimento, expondo-os a uma variedade de domínios e à mobilidade global (enquanto organização reconhecida mundialmente). É fundamental que os empregadores reconheçam continuamente o talento de que dispõem e o recompensem em conformidade através de análises de talento, avaliação comparativa dos salários, etc.

Os inquiridos B e C partilham a mesma opinião sobre a promoção da mobilidade global dos trabalhadores que consideram talentosos. Os empregadores ajudam-nos a familiarizarem-se com o trabalho noutros países através de formação e exposição pessoal. Além disso, os empregadores compreendem a necessidade de desafiar constantemente os seus empregados com as oportunidades que lhes são oferecidas. No entanto, é também necessário que os empregadores oiçam os seus empregados e os ajudem a desenvolver as competências que pretendem, para benefício da organização.

Por outro lado, o entrevistado D, que vem de uma PME, não partilha desta opinião. As recompensas intrínsecas são fortemente promovidas na organização para ajudar a reter os "bons talentos". Além disso, através das avaliações anuais, os gestores de linha e os RH podem explorar formas de melhorar e reconhecer o desempenho de um trabalhador. Além disso, a organização oferece ao trabalhador um número adequado de oportunidades de formação e desenvolvimento.

Neste ponto, foram retiradas conclusões semelhantes dos subtemas anteriores, como a gestão de talentos e a importância atribuída à I&S e à T&D.

CAPÍTULO 5 : CONCLUSÃO E RECOMENDAÇÕES

5. Conclusões e recomendações

5.1 Conclusão

Esta secção responde às questões de investigação, seguidas do objetivo da investigação. Esta secção resume claramente os resultados do estudo. São também feitas recomendações pertinentes e adequadas para a investigação futura.

A gestão de talentos desempenha um papel importante em diferentes sectores de atividade. No entanto, com base nos resultados actuais, parece que a gestão de talentos está a ter o maior efeito na indústria criativa.

Os empregadores inquiridos partilharam um vasto leque de percepções e pontos de vista relativamente ao desenvolvimento da gestão de talentos para a organização e para os indivíduos. O desenvolvimento da gestão de talentos evoluiu a partir das práticas de RH e é visto como uma integração de actividades. Embora ainda não exista uma definição fixa de talento e de gestão de talentos, não faltam organizações e empregadores que gerem os seus talentos para manter a sua vantagem competitiva no atual clima económico difícil. Embora a gestão do talento seja uma integração das práticas de RH, todos os intervenientes, a todos os níveis da organização, são responsáveis pela implementação, facilitação e gestão do talento. Além disso, a necessidade de as organizações avaliarem minuciosamente e finalizarem estratégias de R&S adequadas é essencial na procura de candidatos talentosos que se adaptem facilmente à mudança e acreditem no trabalho de equipa.

Desde a apresentação do relatório McKinsey, o nível de importância da gestão de talentos aumentou significativamente e continuará a aumentar. Dito isto, as organizações puseram em prática uma variedade de estratégias formais para abordar a gestão de talentos através de um processo abrangente de R&S e avaliações de talentos que satisfaçam as exigências e necessidades actuais e futuras da organização. Em resumo, as sucessões adequadas proporcionam uma série de oportunidades para os trabalhadores talentosos, dependendo da natureza e do sector da organização. Para além de criar uma série de oportunidades de desenvolvimento para indivíduos talentosos, a organização beneficiaria claramente de uma vantagem competitiva. Esta vantagem competitiva pode ser dividida em envolvimento dos trabalhadores, transferência de conhecimentos e outros, tal como explicado no capítulo anterior (capítulo 4). No que respeita aos planos de sucessão mencionados anteriormente, os empregadores centram-se nas recompensas intrínsecas ou não monetárias que podem ser atribuídas aos melhores desempenhos da organização. O mais importante é concentrar-se nas recompensas susceptíveis de cativar os seus trabalhadores talentosos. Isto também desempenha um papel importante nas estratégias adequadas de gestão de talentos dentro da organização. Os empregadores acreditam na criação e no estabelecimento de uma cultura organizacional transparente que possa encorajar o desenvolvimento e a implementação da gestão de talentos.

Embora ainda não exista uma definição precisa e geral de gestão de talentos, os empregadores continuam a partilhar o seu entendimento do assunto, à semelhança das definições utilizadas pelas suas respectivas organizações. Mais uma vez, a gestão de talentos inclui factores intangíveis que podem desempenhar um papel vital no empenho de um trabalhador. Do ponto de vista dos entrevistados, as organizações do sector privado têm mais espaço e capacidade para tentar gerir a gestão de talentos como uma estratégia de forma flexível, adaptada às necessidades actuais e futuras das organizações, em comparação com as regras e requisitos obrigatórios e rígidos que devem ser cumpridos pelas organizações do sector público. Consequentemente, não conseguem praticar corretamente a gestão de talentos. Além disso, como vimos anteriormente, há uma série de factores que contribuem para as diferenças de estratégia entre a gestão de talentos e as práticas tradicionais de RH. No entanto, hoje em dia, sabe-se que a gestão de talentos é uma integração de processos com práticas de RH e que a gestão de talentos não é uma moda de gestão.

As medidas práticas adoptadas pelas organizações podem ser divididas em três partes, tal como descrito no Capítulo 4. Tanto a R&S como a T&D têm um impacto significativo no investimento em talento. No entanto, se não se dedicar mais energia e tempo ao processo de R&S, o custo de T&D para um trabalhador menos talentoso será mais elevado. Isto também cria uma situação incómoda para os empregadores. Por outro lado, os sistemas de recomendação de trabalhadores funcionam como uma estratégia opcional na estratégia de I&S, como sugeriram os representantes entrevistados, criando um conjunto de candidatos de maior qualidade para selecionar no recrutamento normal. Além disso, oferecem um incentivo aos trabalhadores referenciados. No que respeita à retenção de talentos, foram partilhadas opiniões semelhantes no Capítulo 4 relativamente à retenção de trabalhadores talentosos nos concorrentes.

5.2 Recomendações

Embora a maioria das conclusões seja apoiada pela literatura escrita de um número decepcionantemente pequeno de autores, é justo dizer que existe um interesse crescente no talento e na gestão do talento nas organizações. Neste caso, estamos a falar de organizações de PME em sectores de base empresarial. O facto de uma PME não ter muitos empregados não significa que a gestão do talento deva ser negligenciada. Os empregados que se sentem valorizados e reconhecidos contribuiriam grandemente para satisfazer as necessidades da organização. Além disso, os empregados envolver-se-iam positivamente nos desafios e oportunidades de desenvolvimento que lhes são oferecidos. As PMEs devem adotar melhores políticas e gestão de talentos. Além disso, sendo uma organização pequena, não seria mais fácil concentrarmo-nos nos talentos dos funcionários? A organização do entrevistado D teria de introduzir uma melhor forma de gerir o talento e não apenas acompanhar o clima económico. As implicações financeiras desta situação seriam onerosas para as PME, em especial quando estas implementam uma estratégia de gestão de talentos ( ) sem a facilitar ou desenvolver. As implicações financeiras são maiores para as PME em que o talento não é reconhecido ou não é tomado como garantido, uma vez que pode haver elevadas taxas de rotação e a marca da organização é manchada. A implementação completa desta medida exigiria muito tempo e dedicação por parte dos empregadores e dos RH; no entanto, é benéfica para o desenvolvimento futuro da organização. Em termos relativos, embora a sua aplicação seja morosa, as fases subsequentes de cobrança de receitas para a organização seriam menores.

No que diz respeito aos métodos utilizados para realizar as entrevistas, é compreensível que a capacidade de reconhecer as diferenças individuais seja crucial para evitar efeitos sobre a validade e a fiabilidade. Por conseguinte, é aconselhável preparar-se para essas situações através de uma observação inicial e de uma conversa mais longa com o entrevistado antes de efetuar as entrevistas. A sessão com um entrevistado demoraria mais tempo no total, mas é recomendada para obter dados válidos e fiáveis. Além disso, o tempo gasto numa entrevista pode ser dispendioso para o entrevistado, pelo que é necessário tentar tornar as sessões de entrevista tão atractivas quanto possível. Embora as entrevistas tenham tido lugar fora das West Midlands, recomenda-se que, sempre que possível, se pernoite na cidade onde as entrevistas terão lugar. Há questões de custos envolvidas neste facto, mas apenas se for possível. A gestão do tempo necessário para chegar ao escritório do entrevistado pode ser facilmente estimada e gerida em relação a uma viagem das West Midlands para Londres. Desta forma, garante-se que os dados recolhidos são fiáveis e válidos, sem afetar o bem-estar mental e físico do inquirido.

LISTA DE REFERÊNCIAS

Lista de referências

Abrahamson, E. (1996). *Moda técnica e estética. Em B. Czarniawska & G. Sevon (Eds.), Translating organisational change.* Berlim: Walter de Gruyter & Co.

Anderson, V. (2009). *Research methods in human resource management (segunda edição).* Londres: CIPD.

Ashley, C & Oliver J,D. (2012) 'Creative leaders' views on managing advertising creatively'. *Journal of Marketing Theory and Practice.* 20(3), 335-348

Axelrod, B., Handfield-Jones, H., & Michaels, E. (2002) 'A new game plan for C players'. *Harvard Business Review.* 81-88

Aston, C. e Morton, L. (2005). Managing talent for competitive advantage". *Strategic HR Review.* 4(5), 28 - 31.

Benders, J., e K. Van Veen (2001) "What's in a fashion? Viabilidade interpretativa e modas de gestão". *Organização* 8(1). 33-53.

Bennett, M. e Bell, A. (2004). *Leadership and Talent in Asia.* Singapura: Wiley.

Berger, L.A. & Berger, D.R. (2011). *The Talent Management Handbook (segunda edição).* Estados Unidos: McGrawHill

Berry, M. (2007). *A gestão do talento está no topo da lista dos desafios europeus.* Perspective Today, 8.

Birschel, D. (2006). Critical issues in HR drive: number1 is talent management". *Benefits Quarterly.* 22(1), 64.

Blass, E., Knights, A., & Orbea, A. (2006). *Developing future leaders: The contribution of talent management.* Ashridge Business School, apresentado na Quinta Conferência Internacional Anual sobre Liderança.

Blass, E. (2009). *Gestão de talentos: Cases and commentary.* Basingstoke, Reino Unido: Palgrave Macmillian.

Boudreau, J.W., & Ramstad, P. M. (2005). Talentship and the new paradigm for human resource management: From professional practice to strategic talent decision science". *Human Resource Planning,* 28(2), 17-26.

Buckingham, M. e Clifton, D. O. (2001). *Agora, descubra os seus pontos fortes.* Nova Iorque: Free Press.

Buckingam, M. e Vosburgh, R. (2001). A função de recursos humanos no século XXI: É o talento, estúpido! *Human Resource Planning.* 24(4), 17-23.

Cannon J.A., McGee R. (2007). *Talent management and succession planning (Gestão de talentos e planeamento da sucessão).* Londres: Chartered Institute of Personnel and Development.

Cappelli, P. (2008). Gestão de talentos no século XXI. *Harvard Business Review.* 74 - 81.

Cheese, P., R.J. Thomas, & E. Craig. Craig (2008) *The talent powered organization. Estratégias para a globalização, gestão de talentos e alto desempenho.* Londres: Kogan Page.

Chon, J.M., R. Khurana, & Reeves, L. (2005) 'Growing talent as if your business depended on it'. *Harvard Business Review* 83(10), 63-70

Chugh, S. e Bhatnagar, J. (2006). Talent management as high performance work practice: emerging strategic HRM dimension". *Management Labour Studies.* 31(3). 228 - 253.

CIPD (2003). *Employee career management: issues, trends and prospects.* Londres: CIPD

CIPD. (2007). *Gestão de Talentos. Research Insight.* junho, Londres: CIPD.

CIPD (2010) *A perspetiva do talento: What does it feel like to be talent managed?* ><http://www.cipd.co.uk/binaries/5262 Talent Perspective.pdf [em linha] disponível em [26 de julho de 2013].

ICPD. (2011). *Talent: Strategy, management, measurement.* Londres: CIPD.

CIPD (2012) *Talent Management: An Overview.* ><http://www.cipd.co.uk/hr-resources/factsheets/talent-management-overview.aspx [Em linha] Disponível em [23 de julho de 2013]

CIPD (2012) *Métodos de seleção.* ><http://www.cipd.co.uk/hr-resources/factsheets/selection-methods.aspx [em linha] disponível em [24 de julho de 2013]
><http://www.cipd.co.uk/hr-resources/factsheets/performance-appraisal.aspx CIPD (2013) *Performance appraisals* [em linha] disponível em [23 de julho de 2013].

>http://www.cipd.co.uk/binaries/6226%20RTP%20SR%20WEB.PDF CIPD (2013) *Resourcing and*

Talent Planning [em linha] disponível em< [26 de julho de 2013].

Creelman, D. (2004). *Retorno do investimento na gestão de talentos: Measures you can put to work right now.* Washington: Human Capital Institute.

Cunningham, I. (2007). Desvendar os falsos pressupostos sobre a gestão de talentos: a necessidade de reconhecer a diferença". *Desenvolvimento e liderança nas organizações.* 21(4). 4-5

Duttagupta, R. (2005). *Identificar e gerir os seus activos: Gestão de talentos.* Londres: PricewaterhouseCoopers.

Economist Intelligence Unit (2006). *O papel do diretor-geral na gestão de talentos: Como os executivos de topo em dez países estão a desenvolver os líderes de amanhã.* Londres: The Economist.

Farley, C. (2005). O papel dos RH na gestão de talentos e na obtenção de resultados empresariais. *Employement relations today.* 32(1), 55-61

Frank, F.D., Taylor, C.D. (2004). Talent management trends that will shape the future". *Human resource planning.* 33-41

Garger, E.M. (1999). Holding on to high performers: A strategic approach to retention". *Compensation and benefit management.* 15(4), 10-17

Goffee, R. e Jones, G. (2007). *Liderar pessoas inteligentes.* Harvard Business Review. 6. 72 - 79.

Groysberg, B., Nanda, A. e N. Noria (2004). The risky business of hiring stars". *Harvard Business Review.* 6. 93-101.

Guerchi, M. e Solari, L. (2012). 'Talent Management Practices in Italy 0 implications for human resource development. *Human resource development international.* 15(1), 25-41

Guthridge, M. (2008). Fazer do talento uma prioridade estratégica. *McKinsey Quarterly! 49-59.*

Hewitt (2003). *Asia's Top Employers Regional Report 2003.* Hewitt Associates, abril. Hong Kong.

Huselid, M., Beatty, R. e Becker, B. 2(005). A players or A positions? A lógica estratégica da gestão da força de trabalho". *Harvard Business Review.* 83(12). 110-117

Iles, P., X. Chuai, e D. Preece. Preece (2009) "Gestão de talentos e GRH em multinacionais em Pequim: definições, diferenças e factores determinantes". *Journal of World Business* 45(2) 179-89.

lsen, R. (2000) "Harnessing the internet with human capital management". *Workspan.* 43(11), 24-27

Jackson, S. E., & Schuler, R. S. (1990). Planeamento de recursos humanos: Desafios para psicólogos industriais/organizacionais". *American Psychologist.* 45(2), 223-239.

Jenkins, M. (2006). A gestão de talentos é uma questão candente na Ásia". *Leadership Action.* 26(5), 20.

><http://www.talentanalytics.com/blog/1775/ Kennedy, M. (n.d.) *The difference between traditional and next generation HR practices* [em linha] disponível em [27 de julho de 2013].

Kuptsch, C. e Pang, E. F. (2006). *Competing for global talent.* França: Publicações da OIT.

Lewis, R. E. & Heckman, R. J. (2006). *Gestão de talentos: A critical review.* Human Resource

Management Review. 16. 139-154.

Maxwell, G. A. e MacLean, S. (2008). Talent Management in the Scottish Hospitality and Tourism Industry: Operational Implications and Strategic Actions". *Jornal Internacional de Hospitalidade Contemporânea*

Management, 20(7), 820 - 829.

Harvard Business Press

McCauley, C. e Wakefield, M. (2006). Talent management in the 21st century: Help your company find, develop and keep its strongest workers". *Journal of Quality & Participation*. 29(4). 4 - 7.

McGuire, D., C. Cross, e D. O'Donnell (2005). Porque é que as abordagens humanistas no DRH não funcionam".

Human Resource Development Quarterly. 16(1). 131-37.

McKinsey (1998). *Abordar a escassez iminente de talentos na China.* Relatório. outubro.

Michael, G. (2006). Adquirir e reter os melhores talentos de forma consistente. *Workforce Management* . 85(19). p. S6.

Michaels E., Handfield-Jones, H., & Axelrod, B. (2001) The *war or talent.* Boston: Harvard Business School Press

Moczydlowska, J. (2012). Gestão de talentos: Teoria e prática da gestão. A experiência polaca. *International Journal Business Management Economics Res.* 3(1), 432-438.

Moran, M. (2005). Talent management-Not just another trendy human resources term. <>[online] http://www.cpiworld.com/en/articles/printview.asp755 [20th July 2013]

Morton, L. (2004). *Gestão integrada e integradora de talentos: Uma estratégia de RH Framework, Relatório de Investigação R-1345-04-RR.* Nova Iorque: The Conference Board.

Morton, L., Ashton, C. e Bellis, R. (2005). *Differentiating talent management: Integrating talent management to drive business performance.* Londres: CRF Publishing.

Nonaka, I. e Toyama, R. (2005). The theory of the knowledge-creating firm: subjectivity, objectivity and synresearch". *Industrial and Corporate Change.* 14(3). 419-436.

Oliver, J.D. e Ashley, C. (2012). As opiniões dos líderes criativos sobre a gestão criativa da publicidade.

Journal of Marketing Theory and practices. 20(3). 335-348

Olsen, R. (2000). Harnessing the internet with human capital management". *Workspan,* 43(11), 24-27.

Petison, P. e Johri, L. M. (2007). Developing local talent in international subsidiaries: The importance of trust and respect in Toyota". *Desenvolvimento e Aprendizagem nas* Organizações, 21(3), 1013.

Phillips, J. J. (2005). *Investing in your company's human capital (Investir no capital humano da sua empresa).* Estados Unidos: AMACOM.

Phillips, D. R. e Roper, K. O. (2009). A framework for talent management in real estate". *Journal of Corporate Real Estate.* 11(1). 7 - 18.

Piansoongnern, O., Anurit, P. e Bunchapattanasakda, C. (2008). Gestão de talentos empregados: um estudo de uma empresa líder na Europa". *Jornal Europeu de Ciências Sociais,* 6(1), 70-90.

Piansoongnern, O. (2010). Talent Management in Thailand". *The International Journal of Organisational Innovation.* 3(1), 280-302

PMI (Instituto de Gestão de Projectos). (2013). A vantagem competitiva da gestão eficaz de talentos. *Relatório aprofundado sobre o pulso da profissão.*

Pollitt, D. (2004). Recrutar para o sucesso: desafios e soluções. *Human Resource Management International Digest.* 12(7). 24-28.

Powell, M. e Lubitsh, G. (2007). Courage in the face of extraordinary talent". *Strategic HR Review.* 6(5), 24 - 27.

Redford, K. (2005). A luz sobre as tácticas de gestão de talentos. *Perspective Today.* 20-22.

Roberts, L. M., Spreitzer, G., Dutton, J., Quinn, R., Heaphy, E. e Barker, B. (2005). Como tirar o máximo partido dos seus pontos fortes". *Harvard Business Review.* 83(1). 75.

Rovik, K. (2000) *Modern organization: Trends in organizational thinking at the turn of the millennium.* Oslo: Fagbokforlaget.

Saunders, M., Lewis, P., Thornhill, A. (2009). *Métodos de investigação para estudantes de gestão (Quinta edição).* (2009). Inglaterra: Pearson

Saunders, M., Lewis, P., Thornhill, A. (2008). *Métodos de investigação para estudantes de gestão (quarta edição).* (2009). Inglaterra: Pearson

Schweyer, A. (2004). *Sistemas de gestão de talentos: Best practice technology solutions for recruitment, retention and workforce planning*. Canadá: Wiley

Tansley, C., Harris, L., Stewart J., Turner, P. (2006) *Talent Management: Understanding Dimensions*. CIPD: Londres

Tours Perrin (2004). *Look closer: Managing today's talent to create tomorrow's leaders.* 6

Tulgan, B. (2001). *Wining the talent wars.* Nova Iorque: WW Norton and Company.

Uren, L. (2007). From talent compliance to talent engagement". *Strategic HR Review.* 6(3). 32-35.

Walker, J.W., e J.M. Larocco (2002). Talent pools: The best and the rest". *Human Resource Planning.* 25(3). 12-14.

Williams, M. (2000). *A guerra pelo talento: Getting the best from the best.* Grã-Bretanha: CIPD

Yeung, A. (2006). Setting people up for success: how the Portman Ritz-Carlton Hotel gets the best from its people". *Human Resource Management.* 45(2). 267.

APÊNDICE

Pergunta utilizada nas entrevistas estruturadas

O meu nome é Amirah Ahmad Khairudin. Estou aqui hoje para entrevistar um profissional de recursos humanos sobre a sua visão do desenvolvimento da gestão de talentos.

Fale-me um pouco da sua carreira em recursos humanos.

Perguntas da entrevista :

Obj 1: A sua perceção da evolução da gestão de talentos

O que significa a gestão de talentos para a organização?

Conhece a "guerra pelo talento" da McKinsey? Desde a publicação de "A guerra pelo talento", continua a pensar que o talento será um fator crucial em que se concentrarão os gestores de topo?

A gestão de talentos deve ser da responsabilidade dos gestores de linha, dos RH ou da direção (se não existir um departamento de RH na empresa)?

Contratar um trabalhador "talentoso" com base no que ele pensava que era nem sempre é uma resposta positiva para a empresa.

Objetivo 2: A importância da gestão de talentos para a organização

A organização dispõe de uma estratégia formal de gestão de talentos?

De que forma pensa que o "talento" pode beneficiar a organização?

David MacLeod, presidente do grupo de trabalho sobre o empenhamento dos trabalhadores, referiu que a maioria dos trabalhadores afirmou que deixaria a empresa por melhores recompensas e salários.

Na sua opinião, quais são as estratégias corretas para implementar a gestão de talentos numa organização?

Obj 3: Perceção do empregador sobre a gestão de talentos

O que significa para si a gestão de talentos?

Como tenciona gerir o "talento" (nesta ou noutra organização)?

Na sua opinião, existe alguma diferença na gestão de talentos no sector público em relação às organizações do sector privado em termos de recrutamento, seleção e retenção?

Considera que existe uma diferença significativa entre a estratégia de gestão de talentos e as práticas tradicionais de RH?

Objetivo 4: Onde deve a organização concentrar as suas "acções práticas"?

Em termos de investimento no "talento", a empresa deve concentrar-se mais no processo de recrutamento e seleção ou na formação e desenvolvimento?

A Virgin Media considerou a possibilidade de contratar candidatos recomendados pelos actuais trabalhadores. Considera que esta estratégia opcional pode ser considerada pela sua organização? Em caso afirmativo, porquê? Se não, porquê?

Dado o atual clima económico, como é que os "bons talentos" são mantidos na sua organização?

MIX
Papier aus verantwortungsvollen Quellen
Paper from responsible sources
FSC® C105338

Printed by Books on Demand GmbH, Norderstedt / Germany